Peter Spiegel

**Eine bessere Welt unternehmen**

## Das Buch

Können wir uns ein Energieunternehmen vorstellen, das sich auf die Komplettversorgung der Armen in der Welt mit Solarenergie spezialisiert, dabei ohne Subventionen auskommt und schneller expandiert als jedes andere Solarenergieunternehmen? Können wir uns ein Gesundheitsunternehmen vorstellen, das 60 Prozent seiner Dienstleistungen für über 2,5 Millionen Klienten jährlich schlicht verschenkt und am Ende trotzdem noch 25 Prozent Kapitalrendite erwirtschaftet? Diese Unternehmen gibt es! Peter Spiegel entwickelt das Modell des Social Business von Friedensnobelpreisträger Muhammad Yunus weiter, und wirbt für nicht mehr und nicht weniger als eine ökonomische und soziale Revolution.

## Der Autor

Peter Spiegel, geb. 1953, ist Leiter des Berliner Genisis Institute for Social Innovation and Social Impact Strategies. Er ist Senior Fellow an der Humboldt-Viadrina School of Governance und Political Affairs Director des Senats der Wirtschaft Deutschland. Er ist Autor und Herausgeber von mehr als 20 Büchern.

Peter Spiegel

# Eine bessere Welt unternehmen

Wirtschaften im Dienst der Menschheit

HERDER

FREIBURG · BASEL · WIEN

HERDER spektrum Band 6406

Originalausgabe

© Verlag Herder GmbH, Freiburg im Breisgau 2011
www.herder.de

Umschlagkonzeption:
Agentur RME Roland Eschlbeck
Umschlaggestaltung: Verlag Herder GmbH
Umschlagmotive: © Duncon Walker
Autorenfoto: Mat Hennek

Layoutkonzept: tiff.any GmbH, Berlin
Satz: tiff.any GmbH, Berlin
Herstellung: fgb · freiburger graphische betriebe
www.fgb.de

Gesetzt aus der Linotype Janson Text Standard
Printed in Germany

ISBN 978-3-451-06406-7

# Inhalt

# Unternehmen wir eine bessere Welt!

Bis vor sehr kurzer Zeit galt: Wenn ein Mensch, der sich für eine bessere Welt engagieren wollte, die Worte »jetzt unternehmen wir etwas« in den Mund nahm, dann meinte er, es sei höchste Zeit für ein soziales oder ökologisches Projekt oder für eine politische Initiative zur Überwindung der Defizite, die in diesen Feldern von der Wirtschaft hinterlassen oder verursacht wurden. Für sozial und ökologisch Engagierte lag es außerhalb ihrer Vorstellungswelt, dass »unternehmerisch handeln« im klassischen wirtschaftlichen Sinne und »etwas unternehmen« im ökologischen und sozialen Sinne kompatibel sein könnten, geschweige denn gar ein kluges Konzept für die effektive Lösung sozialer und ökologischer Probleme.

Ebenso galt noch bis vor sehr kurzer Zeit, dass ein Unternehmer sein Verständnis von »etwas unternehmen« nur sehr selten – und wenn doch, dann eher marginal – mit dem Ziel einer ökologisch und sozial besseren Welt in Verbindung brachte. Sein Hauptziel galt der Wahrnehmung von Marktchancen, um nach den Gesetzen des Marktes überhaupt einen Platz in der Wirtschaft finden und halten zu können. Seine Aufgabe in ökologischer und sozialer Hinsicht erschöpfte sich in der Einhaltung staatlich gesetzter Rahmenbedingungen. Und wenn er darüber hinaus etwas tun wollte, dann war der dafür vorgezeichnete Weg der Einsatz eines Teils der erzielten Gewinne für gemeinnützige Zwecke via Spenden oder in Form einer eigenen Stiftung.

Diese traditionelle, feinsäuberlich getrennte Rollenaufteilung zwischen unternehmerischem »etwas unternehmen« auf der einen Seite und zivilgesellschaftlichem sowie politischem »etwas unternehmen« auf der anderen, war einer ökologisch und sozial nachhaltigen Entwicklung von Wirtschaft und

Gesellschaft nicht gerade zuträglich. Im Gegenteil: Die Kluft zwischen dem ökologisch und sozial Überlebensnotwendigen und dem real in diesen Feldern Erreichten wurde immer größer. In nur 100 Jahren ist das weltweite Durchschnittseinkommen mindestens um das 30-fache gestiegen. Trotzdem führen nach wie vor zwei Drittel der Menschheit ein Leben, das man kaum als menschenwürdig bezeichnen kann. Und trotz stark zunehmender ökologischer Anstrengungen wächst die Rasanz der globalen Umweltzerstörung ungebrochen weiter. Es ist höchste Zeit, unser bisheriges Modell für die Dreiecksbeziehung von Ökonomie, Ökologie und sozialer Gerechtigkeit als gescheitert zu erklären und nach einem neuen Verständnis von deren sinnvollem und zukunftsfähigem Zusammenspiel Ausschau zu halten.

Die positive Nachricht dieses Buches lautet: Alle Voraussetzungen für ein solch neues Verständnis und für dessen Durchbruch zu einer neuen gesellschaftlichen Bewegung sind gegeben. Mehr noch: Diese neue Bewegung formiert sich in Windeseile. Sie überzeugt und integriert dabei gleichermaßen alle gesellschaftlichen Sektoren und verfügt über ein sehr stabiles Fundament, weil sie Ausdruck eines sich bereits weltweit durchsetzenden neuen Lebensgefühls und Zeitgeistes ist.

Auf meiner persönlichen Suche nach Ansätzen, die dieser notwendigen Denkwende entsprechen, traf ich erstmals Mitte der 1980er-Jahre einige Unternehmerpersönlichkeiten, die mein zuvor geprägtes Weltbild als engagierter Zivilbürger erheblich durcheinander brachten.

Ein erfolgreicher Bankgründer in Europa bezeichnete in einem persönlichen Gespräch im Jahr 1986 das von den Banken aufgezogene globale Finanzsystem als »das bestorganisierte Verbrechen der Menschheitsgeschichte«. Er meinte dies keineswegs zynisch, sondern als tief besorgte Fundamentalanklage und leitete daraus einen Forderungskatalog ab, der an

Klarheit und Kühnheit alles in den Schatten stellte, was ich bis dahin gehört oder gelesen hatte. Während die früheren Revolutionäre der engagierten Zivilgesellschaft zunehmend moderater in ihrem Denken und ihren Vorschlägen wurden und zu »Realos« mutierten, tauchte ein neuer revolutionärer Geist ausgerechnet bei Unternehmern auf.

Eine andere erfolgreiche Unternehmerfamilie, die Familie Sabet, bezeichnete etwa zur gleichen Zeit in diversen Publikationen den Zustand unserer real existierenden Marktwirtschaft auf der globalen Ebene als »asoziale Marktwirtschaft«. Die gesamte Familie setzte sich vehement und mit hohen persönlichen Risiken für einen radikalen Nord-Süd-Ausgleich und eine faire Weltwirtschaft ein. Hafez Sabet rechnete den Kollegen Wirtschaftsführern beim Weltwirtschaftsforum in Davos bereits 1989 vor, dass nicht der Süden dem Norden Geld schuldet, sondern dass, bei fairen Wirtschaftsbeziehungen, der Norden dem Süden schon nach damaligem Schuldenstand nicht weniger als 50 Billionen Dollar schuldete. Er traf diese Aussage so kühn und gleichzeitig so kühl kalkuliert wie niemand zuvor: Als »faire Wirtschaftsbeziehungen« definierte er schlicht das, was die Länder des Nordens im Handel untereinander als fair betrachteten. Einige Jahre später setzte sich dieselbe Familie, die zeitweise Weltmarktführer im Handel mit handgeknüpften Teppichen war, für die Einführung einer Entwicklungsabgabe einer gesamten Wirtschaftsbranche – ihrer eigenen – zugunsten der substantiellen Verbesserung der Lebensbedingungen der Hersteller dieser Produkte in den so genannten Entwicklungsländern ein. Huschmand Sabet, der Senior der Familie, überzeugte nahezu alle seine Mitkonkurrenten in diesem Markt. Fast die gesamte Branche folgte dem Aufruf, dafür bei den EU-Behörden offensiv Lobbyarbeit zu betreiben. Das Projekt scheiterte damals noch an der Kurzsichtigkeit von Politikern und einigen Akteuren von Nichtregierungsorganisationen, die nicht glauben wollten, dass Unternehmer so radikal sozial denken können. Später wurde dieses Konzept einer wettbewerbsneutralen Entwicklungsabgabe ganzer Wirtschaftsbranchen unter dem Namen »Terra Tax« in das Konzept für einen Global Marshall Plan aufgenommen.

Diese und weitere ähnliche Impulse führten mich in der ersten Hälfte der 1990er-Jahre endgültig zu der Überzeugung, dass unternehmerisches Denken und Handeln oder, allgemeiner gesprochen, Ökonomie auf der einen Seite und die Lösung sozialer Herausforderungen auf der anderen keineswegs ein Widerspruch sein müssen. Wenn sie sinnvoll zusammengeführt werden, bilden sie gemeinsam eine bis dahin nicht gekannte Kraft, die weitaus besser als alle bisherigen Ansätze in der Lage ist, für eine faire und balancierte Entwicklung zu sorgen.

Ermutigt fühlte ich mich zu dieser Sichtweise auch durch eine analoge Veränderung der Perspektiven innerhalb der Ökoszene. Dort mehrten sich die Stimmen jener, die Ökonomie und Ökologie nicht länger als zwangsläufige Antagonisten sehen wollten. Traditionelle Ökoaktivisten auf der einen Seite und von ökologisch verantwortungsvollem Unternehmertum überzeugte Unternehmer, wie beispielsweise der Inhaber der weltgrößten Diamantenschleiferei und Gründer des Bundesdeutschen Arbeitskreises für umweltbewusstes Management (B.A.U.M.), Georg Winter, auf der anderen Seite, bahnten gemeinsam den Weg für die Versöhnung von Ökonomie und Ökologie. Nur eine Generation später wird die daraus hervorgegangene Ökowirtschaft von nahezu allen Parteien und Strömungen der Gesellschaft als die Zukunftshoffnung von Wirtschaft und Gesellschaft gesehen. Ökounternehmen erobern inzwischen immer häufiger die besten Plätze in den Rankings jener Unternehmen, denen man auch die besten ökonomischen Zukunftsperspektiven zuweist.

Mit meinem Impuls, dass dies auch für die Beziehung zwischen Ökonomie und der Lösung sozialer Herausforderungen gilt, fand ich immer mehr Gleichgesinnte, sodass wir 1994 die Nichtregierungsorganisation Terra ins Leben riefen, unter anderem mit dem Kernziel, »gesellschaftsgestaltende und wirtschaftliche Kompetenz zusammenzuführen«. Im Terra-Grundsatzpapier heißt es dazu: »Die Wirtschaft spielt in der heutigen Welt eine Schlüsselrolle für ein umwelt- und sozialverträgliches Leben. Sie trägt eine besondere Verantwortung, da sie heute bereits weitgehend auf der globalen Ebene agiert. Terra will das Bewusstsein für diese Verantwortung im offenen Dialog und durch konstruktive Beratung aktiv fördern. Terra sieht seine besondere Aufgabe ferner im aktiven Austausch und in der offenen, kreativen Zusammenarbeit von gesellschaftsgestaltender und wirtschaftlicher Kompetenz mit dem Ziel, allen Entwicklungs-Projekten die größtmögliche humane und ökologische Effizienz zu geben und kontraproduktive Nebenwirkungen zu vermeiden.« Anfangs noch sehr auf die sozialen Herausforderungen speziell in den so genannten Entwicklungsländern fokussiert, lernten wir mit der Zeit, unseren Blick auf die gesellschaftlichen Herausforderungen in sämtlichen Regionen der Welt auszuweiten.

Bei der Blickrichtung Süden und Osten der Weltgesellschaft fahndeten wir nach Projekten, die diesem neuen Denken bereits vorbildhaft Ausdruck verliehen, weil wir der Überzeugung waren, dass erfolgreiche Beispiele die stärkste Überzeugungskraft für den Realitätsgehalt eines neuen Denkens besitzen. Wir stießen auf eine erstaunliche Anzahl von faszinierend innovativen und wirkungsmächtigen Projekten, die dem großen Radarschirm der klassischen Entwicklungshilfeszene entgangen waren. Insgesamt sieben Projekte haben wir der Jury der Expo 2000, der Weltausstellung im Millenniumsjahr in Hannover, vorgeschlagen, und alle wurden in die Liste der insgesamt 767 weltweiten Projekte aufgenommen. Eines davon, das Bildungsprojekt FUNDAEC in Kolumbien, habe die Expo-Jury, so Jurymitglied Ernst Ulrich von Weizsäcker, als das beste Expo-Projekt im Bereich Bildung angesehen.

Bei unserer Fahndungsarbeit nach herausragend innovativen Entwicklungs- und Bildungsprojekten fiel uns auf, dass Projekte, die wir als besonders wertvoll erachteten, regelmäßig durch das Wahrnehmungsraster fast aller Experten- und Engagierten-Organisationen fielen. Ein naheliegender Grund hierfür ist: Es liegt im Wesen von Projekten, die Soziales und Unternehmerisches intelligent verbinden, dass die Menschen, denen solche Projekte zugute kommen, sehr schnell aus der Position der Hilfsbedürftigkeit herauswachsen. Nicht wenige gut gemeinte soziale Projekte gingen jedoch lange Zeit und gehen zum großen Teil auch heute noch von einer zwangsläufig lang andauernden Hilfsbedürftigkeit aus, weil sie genau dafür Spendengelder oder staatliche Förderungen oder Stiftungsgelder erhalten. Sie konnten oder wollten auch deshalb nicht so recht das Neuartige von »sozialen Projekten mit unternehmerischen Mitteln« erkennen. Inzwischen hat sich diese Sichtweise auch bei vielen etablierten Hilfswerken deutlich verändert.

Auf der Entdeckungsreise zu innovativen sozialen Projekten konnte es nicht ausbleiben, dass wir von Terra auch schnell auf das Kleinkreditprojekt der Grameen Bank stießen, also auf das Konzept, die Armutsproblematik in den ärmsten Regionen der Welt ausgerechnet mithilfe eines radikal neuen Banking-Ansatzes anzugehen. Sofort entschieden wir uns, dieses Konzept in Europa stärker bekannt zu machen. Wir schlugen dem Club of Budapest, einer aus dem Club of Rome hervorgegangenen systemisch orientierten Vordenkerorganisation, vor, seinen jährlich vergebenen *Planetary Consciousness Award* im Jahr 1997 an Muhammad Yunus, den Gründer der

Grameen Bank für die Armen, zu vergeben, – neben Michail Gorbatschow und dem bereits erwähnten Huschmand Sabet. Laudator Lothar Späth bezeichnete bei der vielbeachteten Preisverleihung in der Frankfurter Paulskirche die Konzepte von Yunus und Sabet als »Wegweiser zu einer *weltweit* sozialen Marktwirtschaft« und als Missing Link zwischen Wirtschaft und der Lösung sozialer Herausforderungen.

1999 lud Terra Muhammad Yunus zu einer Konferenz nach Stuttgart ein, um den neugierigen Teilnehmern die notwendigen Impulse zu geben, wie sie zu Mitakteuren für die Kleinkreditidee werden könnten. Danach entstand unter anderem das Deutsche Mikrofinanz Institut. Im Jahr 2007 konnten wir Muhammad Yunus ferner für die Ehrenpräsidentschaft des Global Economic Network gewinnen, einem Unternehmerverband, der das Konzept der Lobbyarbeit für wirtschaftliche Eigeninteressen hinter sich ließ und stattdessen unternehmerische Kompetenz für gemeinwohlorientierte Lösungskonzepte bündelte. Das Global Economic Network schrieb die Förderung der Ideenwelt von Yunus in sein Grundsatzprogramm.

Wir von Terra verfolgten, wie Yunus und seine Mitarbeiter neben der Grameen Bank seit Mitte der 1990er-Jahre immer weitere Unternehmen nach derselben Philosophie der Lösung gesellschaftlicher Probleme mit unternehmerischen Mitteln gründeten – Grameen Phone, das den Ärmsten die Nutzung der neuen Handy-Technologie erschloss, Grameen Shakti, das den Ärmsten Zugang zu erneuerbaren Energien bereitete, und vieles mehr. Dabei haben alle diese Projekte immer den Anspruch, innovative Entwicklungsleistungen mit wirtschaftlich selbsttragenden Sozialunternehmen zu generieren. Die sich entwickelnde Grameen-Unternehmensfamilie war lange Zeit zweifelsohne die reichste Quelle für derartige Social Innovations, und zwar weit über das Mikrofinanzkonzept hinaus, das inzwischen einen weltweiten Siegeszug als bisher innovativste und effektivste Maßnahme zur weltweiten Armutsüberwindung angetreten hat. Doch dieses Konzept, eine neue Qualität von Social Innovations zu entwickeln, die sich irgendwann sogar genauso wie die Grameen Bank wirtschaftlich selbst tragen könnten, ging in der Euphorie über die Erfolge des Mikrofinanzkonzepts in der öffentlichen Wahrnehmung noch längere Zeit unter.

Erst in seiner Dankesrede am 10. Dezember 2006, als er in Oslo für seine Kleinkreditidee mit dem Friedensnobelpreis geehrt wurde, formulierte Muhammad Yunus genau dies erstmals als ein universelles Konzept. Er rief dazu auf, dass sozial engagierte Menschen ebenso wie sozial motivierte Unternehmer nunmehr weltweit Social Businesses gründen sollten – Unternehmen, die einzig zu dem Zweck ins Leben gerufen werden, irgendeines der zahllosen gesellschaftlichen Probleme in den Armutsländern oder auch in den Industrieländern auf unternehmerische Weise zu lösen: innovativ, wirtschaftlich erfolgreich und sowohl ökologisch als auch sozial nachhaltig, also mit guter Bezahlung der Mitarbeiter. Yunus fügte ferner hinzu: Bei Social Businesses sollten die Gewinne ausschließlich in den gewählten sozialen Zweck dieses Sozialunternehmens reinvestiert werden, es sollten also keinerlei Dividenden an die Investoren von Social Businesses ausbezahlt werden. Diesen letztgenannten Aspekt werden wir später näher diskutieren.

Als ich diesen Aufruf vernahm, war mir sofort klar: Das nunmehr von Muhammad Yunus formulierte Konzept des Social Business wird dem Impuls zur Versöhnung und intelligenten Verknüpfung von Ökonomie und sozialen Problemlösungen immensen Auftrieb geben.

Glücklicherweise hatte ich meine erneute Einladung an Muhammad Yunus zu einem Besuch in Deutschland bereits kurz vor der Bekanntgabe des neuen Trägers des Friedensnobelpreises abgeschickt. Dennoch war es in der überwältigenden Flut an Einladungen, die Yunus nach der Nobelpreisvergabe erreichte, nicht leicht, sein Kommen zum ersten Vision Summit im Juni 2007 in Berlin sicherzustellen, zumal meine Konzeption für dieses neue Konferenzformat gar nicht vorsah, die Bühne allein für Yunus zu bereiten. Der damals in meiner Funktion als Generalsekretär des Global Economic Network veranstaltete Vision Summit wollte unmittelbar vor dem G8-Gipfel 2007 in Heiligendamm insgesamt zehn innovative, visionäre und zugleich umsetzungsstarke Konzepte präsentieren, die der G8-Gipfel bei seinen Entscheidungen für eine nachhaltige Welt hätte aufgreifen sollen. So trat ich die Flucht nach vorne an und organisierte für Yunus noch zahlreiche weitere attraktive Termine im Umfeld des G8-Gipfels und des Vision Summit: von der Teilnahme in der Talkshow von Sabine Christiansen über einen Besuch beim Bundespräsidenten bis zur gemeinsamen Diskussion der G8-Gipfelergebnisse mit der Bundeskanzlerin bei der Highlight-Veranstaltung des Evangelischen Kirchentags 2007 in Köln. Yunus sagte zu, für einen insgesamt neuntägigen Aufenthalt nach Deutschland zu kommen. Alle Termine waren ein großer Erfolg, und ebenso der erste Vision Summit, bei dem er seine Vision von Social Business erstmals in Mitteleuropa vorstellte.

Die Chance dieses Impulses sah ich als historisches Zeitfenster für die Idee der Versöhnung von Ökonomie und Sozialem. Also entschied ich mich, Mitgesellschafter für die Gründung eines Instituts zu suchen, das sich der Mission widmet, aus diesem Leitgedanken eine neue und starke soziale Bewegung entstehen zu lassen. Ein Jahr später, am 1. August 2008, gründeten neun Gesellschafter das Genisis Institute for Social Business and Impact Strategies. Es war das erste Institut weltweit, das sich explizit diesem Thema widmete. Eine weitere Entscheidung war, den zweiten Vision Summit, der im November

2008 bereits unter der Leitung des Genisis Instituts stattfand, ganz dem Thema Social Business zu widmen. Von den 900 Teilnehmern entschieden sich mehr als 100, eigene Social Businesses zu gründen oder Initiativen und Projekte ins Leben zu rufen, die diese Idee weiter nach vorne bringen sollten. Folglich war der dritte Vision Summit genau ein Jahr später mit über 1.200 Teilnehmern bereits eine erste beeindruckende Ergebnispräsentation. Dieser Vision Summit wurde zudem in das offizielle Rahmenprogramm der 20-Jahr-Feier anlässlich des Falls der Berliner Mauer aufgenommen, sein Motto wurde entsprechend gewählt: »Another Wall to Fall«: Der Vision Summit 2009 sollte dazu beitragen, dass die Mauer in unseren Köpfen fällt, dass Armut nicht überwindbar sei, dass all die anderen sozialen Probleme nicht wirklich lösbar seien, dass Ökonomie und Soziales nicht wirklich zusammenpassten.

Der Impuls von Social Business erreichte, so wie es die Wunschvorstellung und selbstgewählte Mission des Genisis Instituts war, in kürzester Zeit alle Sektoren der Gesellschaft in Deutschland: Unternehmen begannen, über die Etablierung von Social Business Joint Ventures mit Grameen nachzudenken oder über eigene Social Business Projekte. Nichtregierungsorganisationen und Stiftungen prüften, wie sie den neuen Impuls in ihre Konzepte aufnehmen konnten. Social Entrepreneurs, die zwar innovative Lösungen für soziale Probleme entwickelt hatten, die aber oft noch weit davon entfernt waren, selbsttragend zu sein, dachten nun darüber nach, wie sie sich zu Social Businesses fortentwickeln konnten. Und auch die Politik reagierte – sie verabschiedete ein Jahr später ein 100-Millionen-Euro-Programm für Mikrofinanzprojekte in Deutschland und zwei Jahre später ein 30-Millionen-Euro-Programm zur Förderung von Social Entrepreneurs in unserem Land. Dennoch war dies nicht mehr als ein guter Anfang für eine Entwicklung mit ungleich größerem Potenzial.

Social Business ist in gewisser Weise nur eine von mehreren Ausprägungsformen eines umfassenden neuen Lebensgefühls. Immer mehr Menschen wollen die Gestaltung der eigenen Zukunft und der Zukunft ihrer Kommune bis zur Weltgesellschaft selbst in die Hand nehmen. Sie wenden sich immer stärker einem ökologisch nachhaltigen Lebensstil zu. Sie achten immer mehr auf Fair Trade. Sie verlangen von Unternehmen mehr Transparenz über ihr ökologisches und soziales Verhalten und von Regierungen mehr Engagement, dieses Verhalten von der Wirtschaft wirksam einzufordern. Ebenso erwarten sie von sozialen Organisationen immer mehr Transparenz über deren Mittelverwendung und deren tatsächliche ökosoziale Wirkungen. Auch das plötzliche Aufleben der Demokratiebewegungen in zahlreichen arabischen Ländern sowie der verstärkte Drang nach direkter Partizipation in unseren Demokratien bei wichtigen Zukunftsentscheidungen sind Ausdruck dieses neuen Lebensgefühls.

Immer mehr Menschen geben sich nicht länger zufrieden mit zu oft enttäuschten Ankündigungen von Politikern, mit zu oft rein marketinggetriebenen Selbstdarstellungen von Unternehmen, mit zu oft interessengeleiteten Vorschlägen von Experten, die sie ihnen als alternativlos verkaufen möchten. Die Menschen wollen vor allem eines: Impact. Sie wollen echte und nachhaltige Veränderungen statt vorgegaukelte. Sie wollen echte Bildungschancen für alle, eine echte Wende zu einer nachhaltigen Zukunftsentwicklung, echte Demokratie. Und weil sie die erfolgreiche Umsetzung dieser Ziele den meisten der heutigen Führungsakteure in Politik, Wirtschaft und Gesellschaft nicht mehr hinlänglich zutrauen, entscheiden sich immer mehr Menschen dazu, die Realisierung ihrer Vorstellungen selbst in die Hand zu nehmen. Das geht inzwischen soweit, dass viele Menschen beginnen, selbst neue innovative Lösungen für soziale und ökologische Herausforderungen zu entwickeln und umzusetzen. Sie gründen eigene Unternehmen, die der verantwortungsvollen und ökosozial nachhaltigen Umgestaltung unserer Gesellschaft gewidmet sind, oder engagieren sich für die Weiterentwicklung von bestehenden Unternehmen in diese Richtung.

Dieses neue Lebensgefühl, dieser neue Zeitgeist bezieht seine unbändige Kraft aus vielen Quellen: Er beschenkt jeden, der den Einstieg dazu findet, mit einer neuen Qualität der Sinnhaftigkeit des eigenen Tuns und Lebens. Er setzt bei jedem eine überraschend neue Qualität der kreativen persönlichen Potenzialentfaltung frei. Er macht unsere Gesellschaft insgesamt erheblich kreativer und gestaltungsmächtiger im Sinne einer humanen und nachhaltigen Zukunft. Und er eröffnet auch der Wirtschaft völlig neue und höchst attraktive Perspektiven trotz beziehungsweise gerade durch die unumgängliche Wende hin zu nachhaltigem Agieren. Kurz: Wir erleben uns individuell wie kollektiv als mündiger, weil wir lernen, wie wir für sinnstiftend globalverantwortliche Ziele Impact entwickeln können, also nachhaltige Handlungsmacht.

Die Attraktivität dieses neuen Lebensgefühls zieht bereits heute Menschen aus allen Schichten, aus allen Bereichen der Gesellschaft und aus allen Ländern der Welt an. Niemand ist ausgeschlossen, alle sind eingeladen. Wenn wir heute davon sprechen, »eine bessere Welt zu unternehmen«, können sich Unternehmer und Aktivisten inzwischen über ein facettenreiches, aber im Kern gemeinsames Vorhaben, ein gemeinsames »Unternehmen« unterhalten. Das gemeinsame Lernen auf diesem Weg reduziert keineswegs einen sachkritischen Austausch, es gibt ihm jedoch einen anderen, einen konstruktiven Charakter.

Dieser neue Zeitgeist, dem wir hiermit den Namen »Impact« geben wollen, wird zu einer erheblich stärkeren Zusammenführung von verschiedenen, bisher noch eher getrennten Bewegungen, Szenen und Sektoren führen, von der Umweltbewegung über Corporate Social Responsibility bis Social Entrepreneurship und Social Business, von der ökosozial engagierten Zivilgesellschaft und deren Nichtregierungsorganisationen über klassische Wohlfahrtsorganisationen bis zur Wirtschaft.

Aufzuzeigen, welche Zeichen für diese Entwicklung zu echtem Impact und zu einer umfassend integrierten Impact-Bewegung sprechen, was die nächsten sinnvollen Schritte sein können und wie jeder seinen persönlichen Einstieg und Beitrag dazu finden kann, ist Sinn und Auftrag dieses Buches.

# 1 Pioniere auf dem Feld der ökosozialen Innovationen

Sicher werden sich viele Leser nach den bisherigen Ausführungen die Frage stellen, ob die hier vorgestellten Perspektiven nicht viel zu optimistisch gezeichnet sind. Gut, es gibt die Grameen Bank, aber wurde dieser Hype nicht längst wieder auf den Boden nüchterner Realitäten geholt? Und selbst wenn Grameen weiterhin als Erfolgsmodell gewertet werden kann, gilt die alte Weisheit: Eine Schwalbe macht noch lange keinen Sommer. Was sind also die großen Erfolgsbeispiele und was haben sie in der Welt bisher wirklich verändert?

Weil die Kernthese dieses Buches zugegebenermaßen ausgesprochen abenteuerlich klingt, hilft es wenig, mit grundlegenden und visionären Überlegungen fortzufahren, bevor wir nicht einen Blick auf die real existierenden Beispiele gerichtet haben. Glücklicherweise sind die Erfolgsbeispiele für ein radikal neues Denken und Handeln bereits sehr vielfältig und aussagekräftig. Begeben wir uns also mit diesem Kapitel auf eine Abenteuerreise in eine bessere Welt, auf eine Reise in eine fantastisch anmutende Zukunft, die dennoch bereits Teil unserer Gegenwart ist.

Weil es sich dabei zumeist um Beispiele handelt, die auch mit Wirtschaft zu tun haben, sei eine Frage vorab beantwortet: Sind nur Menschen mit wirtschaftlichen Kompetenzen in der Lage, derartige Social Innovations zu entwickeln? Die Antwort lautet: Für jeden, der sich gedanklich in die neue Welt von Social Innovations hineinbewegt, ist es zu einem guten Stück Neuland, weil es bisher fast keine Menschen gibt, die es gelernt haben, sozial, ökologisch und ökonomisch innovative Ansätze gleichzeitig und integriert zu denken. Als der entscheidende Treiber in diese neue Richtung erweist sich immer wieder eine

Kompetenz: ein gesunder Menschenverstand, der sich gerade nicht abhängig macht von Expertenwissen. Daher ist die Frage vollkommen offen, woher die neuen Social Innovators kommen. Wünschenswert und zugleich am wahrscheinlichsten ist, dass sie aus allen Bereichen kommen werden, also sowohl aus der Wirtschaft als auch aus der engagierten Zivilgesellschaft, sowohl aus Expertenkreisen als auch aus den Betroffenenkreisen, deren Probleme gelöst werden sollen etc.

## Die Welt der Mikrofinanzorganisationen

Da die Geschichte der Grameen Bank das entscheidende Referenzbeispiel für Social Entrepreneurship, Social Business und generell die intelligente Kombinierbarkeit von Ökonomie und sozialer Problemlösung darstellt, soll der aktuelle Stand ihrer Entwicklung sowie derjenige der gesamten Mikrofinanzwelt kurz an den Anfang gestellt werden.

Die Grameen Bank verzeichnet heute mehr als acht Millionen Kreditnehmer in ihrem Heimatland Bangladesch. Zu 97 Prozent sind ihre Kreditnehmer Frauen. Da im Durchschnitt fünf Personen in der Familie unmittelbar von einem Kredit profitieren, erreicht die Grameen Bank mit ihren Dienstleistungen in Bangladesch 40 Millionen Menschen, das sind 25 Prozent der Gesamtbevölkerung.

Die Grameen Bank machte es sich zur Aufgabe, ihre Erstkredite ausschließlich an Menschen zu vergeben, die weit unter der Armutsgrenze leben. Tatsächlich zählten 100 Prozent ihrer Kreditnehmer zum Zeitpunkt ihres ersten Kredites zu dieser Gruppe der Allerärmsten, die ausnahmslos unterhalb der offiziellen Armutsgrenze der Vereinten Nationen leben. Die Durchschnittskredite waren bei der Grameen Bank daher lange Zeit unter 20 US-Dollar angesiedelt. Heute liegt der Durchschnitt bei 200 US-Dollar, weil nahezu die Hälfte der Grameen-Kreditnehmer die Armutsgrenze bereits hinter sich gelassen hat. Auf ihrem Weg aus dem Armutskreislauf heraus erhalten die Kreditnehmer Zug um Zug größere Kredite für ihre wachsenden unternehmerischen Tätigkeiten. Bis zum Jahr 2015 will die Grameen Bank jeden einzelnen ihrer Kreditnehmer über die Armutsgrenze geführt haben. Damit würde die Grameen Bank ganz allein das für 2015 gesetzte Millenniumsziel der Vereinten Nationen, die Halbierung der Zahl der Ärmsten, für Bangladesch erreichen.

Das Konzept der Kleinkredite der Grameen Bank wurde seit Beginn der 1990er-Jahre von immer mehr Organisationen in der Welt nachgeahmt. Bis heute wurde weltweit rund 150 Millionen Menschen, die zuvor nie eine Chance zu einem Kredit gehabt hatten, dieser Zugang durch rund 10.000 Mikrofinanzinstitute ermöglicht. Weit über eine halbe Milliarde Menschen profitierten von deren Entwicklungseffekten.

Nicht alle Mikrofinanzorganisationen sind gleich effektiv. Ein beträchtlicher Teil schaffte es nicht wie Grameen, tatsächlich die Ärmsten zu erreichen, sondern die untere Mittelschicht in den Armutsländern. Aber auch dies hat immer noch eine beträchtliche Wirkung auf die systematische Überwindung von Armut in diesen Ländern. Nahezu alle seriösen Experten sind sich darüber einig, dass Mikrofinanzinstitute die Perspektive von Hunderten von Millionen Menschen für den Weg aus dem Armutskreislauf eröffnet haben.

In jüngerer Zeit wurde einige Kritik an der Mikrofinanzwelt laut. Tatsächlich traten, ausgelöst durch die extrem schnelle Ausbreitung von Mikrofinanzinstituten in manchen Regionen, kritik- und korrekturwürdige Fehlentwicklungen auf. So konkurrierten beispielsweise in Nordindien mehrere Kleinkrediteinrichtungen so offensiv um Kunden, dass sie die Überprüfung vernachlässigten, ob diese nicht schon bei anderen Einrichtungen Kredite aufgenommen hatten. Dies führte dazu, dass manche Kreditnehmer mit einem neuen Kredit bei einer anderen Einrichtung die Raten des ersten Kredits abbezahlen wollten. Die Grameen Bank ist davon nicht betroffen, weil sie von Anfang an intern systemische Vorsorge vor solchen Fehlentwicklungen traf: Kredite erhält jemand bei Grameen nur, wenn er Mitglied in einer Kreditgruppe von fünf Personen wird, die alle Kreditnehmer sind und wechselseitig füreinander bürgen. Dadurch ist es deren ureigenstes Interesse, wechselseitig darauf zu achten, dass kein anderes Mitglied in der Kreditgruppe sich in derart problematische Situationen bringt. Außerdem arbeitet die Grameen Bank nach dem Prinzip, dass es ihre Verantwortung ist, für jedes finanzielle Problem, das ein Kunde hat, eine adäquate und konstruktive Lösung zu finden. Muhammad Yunus betrieb ferner erfolgreich Lobbyarbeit bei der Regierung seines Landes, sodass diese in Bangladesch schon vor Jahren ein funktionierendes Aufsichtssystem für Mikrofinanzorganisationen etablierte.

In Bezug auf die um die Jahreswende 2010/11 verbreitete Kritik an der Mikrofinanzidee darf jedoch auch eines nicht übersehen werden: Viele Hilfswerke, darunter auch einige namhafte, sehen in Mikrofinanzorganisationen eine gefährliche Konkurrenz zu ihrer Art der Armutsbekämpfung. So ist es kein Zufall, dass die Kritik an den Fehlentwicklungen in Nordindien von Nichtregierungsorganisationen (NGOs) lanciert und zu einer regelrechten Kampagne hochgepusht wurde, da diese ihre eigene Existenz gefährdet sahen: Eine Studie der nordindischen Regionalregierung hatte zuvor den sozialen Impact der unterschiedlichen Ansätze zur Armutsbekämpfung in ihrer Region untersucht. Das Ergebnis: Die Mikrofinanzinstitute lagen mit Abstand vorne, trotz der zu dieser Zeit noch nicht behobenen Problematik der Mehrfachkredite. Die NGOs dieser Region belegten den letzten Platz.

Die Regionalregierung erwog daraufhin erhebliche Mittelkürzungen für diese NGOs.

Die Welt am untersten Ende der sozialen Skala der Menschheit ist selbstredend keine heile Welt und deshalb kann auch jegliche Art von Hilfe für den Weg aus der Armut nicht alle wünschbaren Kriterien »problemlos« erfüllen. Die Medien und die kritische Öffentlichkeit tragen daher eine besondere Verantwortung für die Unterscheidung von berechtigter und konstruktiver Kritik auf der einen Seite und offensichtlich interessengeleiteter und höchst gefährlicher Kritik auf der anderen.

Was die zweite Art von verantwortungsloser Kampagnen-Kritik bewirken kann, dafür liefert folgendes Beispiel eine Lehrstunde: Kritik am Lebenswerk von Muhammad Yunus, die im Jahr 2010 laut wurde und nach einer gründlichen Überprüfung im Mai 2011 selbst durch die Regierung von Bangladesch offiziell als vollkommen haltlos bezeichnet wurde, wurde Anfang 2011 von derselben Regierung als Rechtfertigung dafür benutzt, die Grameen Bank verstaatlichen zu wollen. Yunus wurde durch Eingriff der Regierung als Leiter der Grameen Bank abgesetzt – mit der Begründung, dass Grameen eine staatliche Bank sei und bei staatlichen Banken die Direktoren mit 60 Jahren in den Ruhestand gehen müssten. Die Grameen Bank ist jedoch eine Genossenschaftsbank, die zu 93 Prozent den Ärmsten selbst gehört. Der Staat ist mit sieben Prozent beteiligt, und dies nur aus einem einzigen Grund: Weil er sich einen gewissen Einfluss sichern wollte und durch eine per Dekret durchgesetzte Minderheitenbeteiligung auch gesichert hat. Nun will die Regierung daraus das Recht auf eine Komplettverstaatlichung ableiten. Da die Regierung in Bangladesch seit jeher als eine der korruptesten der Welt gilt, ist die an der unberechtigten Medienschelte aufgehängte Entwicklung Richtung Verstaatlichung des weltgrößten Social Business Unternehmens sehr gefährlich.

Nachdem die Regierung von Bangladesch nach der Grameen Bank nun auch alle weiteren der rund 20 Grameen Sozialunternehmen in ihren Griff bekommen möchte, ist es höchste Zeit, dass sich hiergegen weltweiter Protest formiert. Wenn die Regierung von Bangladesch mit der Verstaatlichung eines der hoffnungsvollsten Ansätze der jüngsten Geschichte zur effektiven Lösung sozialer Probleme Erfolg haben sollte, ist dies nicht nur für Bangladesch und die dortige Bevölkerung eine gefährliche Entwicklung. Es wäre eine Einladung zur Nachahmung durch andere Potentaten in anderen Ländern, vor allem in jenen Armutsländern, in denen Social Business besonders wichtig wäre. Und es wäre eine folgenreiche Niederlage für alle, die im Sinne dieses Buches etwas für eine bessere Welt unternehmen wollen. Wenn wir diese Entwicklung zuließen, wäre das in etwa so, als hätten wir Nelson Mandela keine Solidarität gezeigt und stattdessen den Apartheidslobbyisten bei ihren allzu durchsichtigen Propagandamanövern weiterhin zumindest so viel Glauben geschenkt, dass sie ihr machtversessenes Handwerk weiter hätten betreiben können.

Wenn man die zahlreichen Mikrofinanzorganisationen in Bezug auf deren generierten Social Impact beurteilen möchte, dann komme ich nach meinem Kenntnisstand zu dem Ergebnis, dass die Grameen Bank das bis heute effektivste Konzept entwickelt hat. Die meisten aus NGOs, aus etablierten Banken und aus der staatlichen Entwicklungszusammenarbeit hervorgegangenen unterschiedlichen Varianten von Mikrofinanzorganisationen können noch immer sehr viel von Grameen und den dort umgesetzten Prinzipien und Innovationen lernen. Sehr viele der aus NGOs hervorgegangenen Mikrofinanzprojekte haben nach anfangs eher turbulenten Lernphasen zwischenzeitlich sehr gute Mikrofinanzsysteme entwickelt. Auch eine Reihe von traditionellen Banken und andere Gründer von

Mikrofinanzorganisationen aus der klassischen Finanzwelt haben, von einigen schwarzen Schafen abgesehen, ganz passable und nützliche Systeme entwickelt. Beides sind ausgesprochen wertvolle Entwicklungen im Sinne der großen Idee der besseren Verknüpfung von sozialen Anliegen und unternehmerischen Ansätzen. Dennoch muss der Blick auf die kontinuierliche Verbesserung des Social Impact bei allen Mikrofinanzorganisationen gerichtet bleiben. Aus diesem Interesse heraus müssen Fehlentwicklungen, wie leichtfertige Mehrfachkredite oder unangemessen hohe Zinssätze vermieden werden, da diese in erster Linie der Erwirtschaftung hoher Renditen für die Anleger dienen.

Das Ziel, eine weltweite und in den Armutsregionen flächendeckende Ausdehnung von guten Mikrofinanzeinrichtungen zu erreichen, bildet darüber hinaus auch eine entscheidende Grundlage für zahlreiche weitere Sozialunternehmen im Sinne des Social Impact Business. Dies zeigen die nachfolgend beschriebenen Beispiele, insbesondere das von Grameen Shakti.


## Die globale Solarrevolution

Solarenergie rechnet sich in den Industrieländern bis heute nicht ohne staatliche Fördermaßnahmen wie beispielsweise das Erneuerbare-Energien-Gesetz (EEG) in Deutschland. Daher war es für alle, die über die weltweite Ausbreitung von Solarenergie nachdachten, eine Selbstverständlichkeit, dass diese zumindest noch für einige Zeit mit Subventionen unterschiedlicher Form verbunden sein müsste. In den Ländern der so genannten Dritten Welt bräuchte man dafür also entweder Mittel aus der staatlichen Entwicklungshilfe oder Stiftungsförderungen oder private Spendengelder.

Als der deutsche Solarpionier Hermann Scheer den Grameen-Gründer Muhammad Yunus auf die Einführung von Solarenergie in Bangladesch ansprach, dachte er noch ganz in diesen Kategorien. Muhammad Yunus aber, erfolgreicher Sozialunternehmer, der mit seinen Grameen-Unternehmen schon mehrfach traditionelle Denkgrenzen zwischen funktionierendem Unternehmertum und hohen Social Impact-Ansprüchen überwunden hatte, betrachtete den wertvollen Impuls von Hermann Scheer aus einer völlig anderen Perspektive.

Yunus wollte zunächst wissen, wie hoch die effektiven Energiekosten für die Ärmsten in seinem Land zu diesem Zeitpunkt waren. Zu seiner Überraschung stieß er dabei auf eine bemerkenswerte Faktenlage: Ausgerechnet die Ärmsten zahlten für Energie nicht nur relativ, sondern auch nominell am meisten. Der Grund hierfür war sehr einfach, aber in allen früheren Überlegungen unberücksichtigt geblieben. In den ländlichen Regionen armer Länder sind keine Überlandleitungen verfügbar und somit gibt es dort auch keinen günstigen Strom. Ländliche Regionen sind für jegliche andere Energieform zudem schwerer und damit nur zu höheren Kosten erreichbar. Zum Einsatz kommen daher dort in erster Linie Energiequellen wie Kerosin, die nicht nur besonders schmutzig sind, sondern auch erheblich teurer als Strom aus Überlandleitungen. Hinzu kommt die aufwendige Anlieferung, die den Preis noch einmal ansteigen lässt im Vergleich zu den städtischen Regionen. Diese Situation hatte aber für die Einführung von Solarenergie in diesen Regionen einen unerwarteten und unschätzbar wertvollen Vorteil: Solarenergie war ausgerechnet in den ländlichen Armutsregionen Bangladeschs wie in den ländlichen Armutsregionen all jener Länder, in denen es keine Überlandleitungen gibt und gleichzeitig genügend Sonne scheint, ohne Subventionen wirtschaftlich selbsttragend.

Einheimische und westliche Solarexperten konzipierten und realisierten gemeinsam mit dem Grameen-Team sogenannte »Solar Home Systems«, einfache Solaranlagen mit Solarzellen auf einer stabilen Bambusstange, ausgestattet mit allen notwendigen technischen Vorrichtungen, um in den einfachen Behausungen der Armen von Bangladesch den kompletten Energiebedarf durch Solarstrom abzudecken. Wie bei allen Social Innovations, die Grameen entwickelte, fahndeten alle daran Beteiligten nach Möglichkeiten der Kosteneinsparung, ohne dabei die Funktionalität für das gesetzte Ziel zu beeinträchtigen. Auch bei Solar Home Systems gelang es, die Kosten noch einmal deutlich zu reduzieren im Vergleich zu den üblichen Importkosten von fertigen Produkten aus Industrieländern. Wie sah nun das sozialunternehmerisch passende Geschäftsmodell aus?

Die Solar Home Systems wurden zunächst den bereits vorhandenen Grameen-Bankkunden angeboten, und zwar komplett auf Kreditbasis. Zur Tilgung wurden die jeweils bisher angefallenen Energiekosten der Kunden ermittelt und auf dieser Grundlage vereinbart, dass sie monatlich genau diesen Betrag zur Abbezahlung des Solar Home Systems bezahlten. Die neuen Solaranlagenbesitzer in den Hütten von Bangladesch hatten also keinerlei zusätzliche Kosten, aber die Perspektive, nach Abbezahlung des Kredits für die »Restlaufzeit« der Solaranlagen die eigenen Energiekosten auf Null herunterfahren zu können. Die Solar Home Systems halten ohne Wartung erfahrungsgemäß etwa acht Jahre. Der Kredit für ein Solar Home System war im Durchschnitt jedoch bereits nach etwa drei Jahren vollständig abbezahlt.

Bei diesem Geschäftsmodell und dem dadurch generierten Social Impact überrascht die rasante Ausbreitung der Solar Home Systems nicht. Wenn wir uns an den ersten deutlichen Verbesserungsschub der sozialen Lage breiter Massen im neuzeitlichen Mitteleuropa erinnern, können wir feststellen, dass dieser sehr viel mit dem Zugang zu modernen Energieformen, insbesondere der Elektrizität, zu tun hatte. Kinder konnten nun auch nach Sonnenuntergang Lesen und Schreiben üben, Erwachsene ihren Tagesablauf besser planen und neue technische Hilfsmittel bei der Umsetzung ihrer Arbeit einsetzen. Die soziale und die wirtschaftliche Entwicklung erfuhren eine erhebliche Beschleunigung. Dasselbe gilt heute für die Armen in Bangladesch. Und dank der Social Innovation, dem höchst einfachen Geschäftsmodell von Grameen Shakti, gibt es diese grundlegende Verbesserung der Lebenssituation ohne jegliche finanzielle Zusatzbelastung, sondern sogar mit einer erheblichen Reduzierung der eigenen Kostensituation nach einer relativ kurzen Übergangsphase.

Grameen Shakti hat bei Solar Home Systems jährliche Zuwachsraten von etwa 100 Prozent. Bis Herbst 2011 wurden rund 750.000 Solaranlagen in Bangladesch installiert – damit war Bangladesch Solardachweltmeister, zumindest was deren Anzahl anging, denn deren Flächen sind natürlich deutlich kleiner als in Deutschland. Die Dynamik ihrer Verbreitung, der auch die jüngste Finanzkrise nichts anhaben konnte, führt dazu, dass in Bangladesch bis Ende 2015 nicht weniger als 15 Millionen Solar Home Systems installiert und damit 75 Millionen Bangladeschi – das sind 100 Prozent der Landbevölkerung – komplett mit Solarenergie versorgt sein werden.

Doch damit nicht genug: Es gibt noch mehr Spielraum für die Social Innovation und das Social Business Modell von Grameen Shakti.

Die erste Verbesserungsmöglichkeit ist technischer Natur. Solarmodule, die aus dem Westen oder aus China importiert werden, haben teure Merkmale, die für die reine Funktionalität der Solarmodule keinerlei Bedeutung haben. Dazu gehören beispielsweise glänzende Oberflächen. Diese glänzen nur deshalb, weil das den westlichen Kunden so gut gefällt. Für den Markt in Bangladesch ist dies irrelevant – und lässt sich einsparen. Chinesische Hersteller von Solarmodulen haben den Zukunftsmarkt Bangladesch längst entdeckt und beliefern Grameen Shakti entsprechend motiviert. Aber auch ein großer deutscher Hersteller ist mit Grameen Shakti im Gespräch für den Bau einer Solarzellenfabrik in Bangladesch.

Die zweite Verbesserungsmöglichkeit betrifft die Ausbildung von Solaringenieuren, genauer von Solaringenieurinnen. Bis 2015 will Grameen Shakti 100.000 Solaringenieurinnen in den ländlichen Absatzregionen von Bangladesch ausgebildet haben. Durch die von ihnen angebotenen Serviceleistungen zur Instandhaltung der Solar Home Systems steigert sich deren Laufzeit leicht von acht auf 15 Jahre. Die ökologischen, sozialen und ökonomischen Effekte wachsen entsprechend mit.

An dieser Social Innovation sind mehrere Aspekte auffallend.

Frappierend ist die Einfachheit: Die Idee, die tatsächlichen Energiekosten der Ärmsten zu überprüfen, eröffnete die Chance auf breitflächigen Zugang zu Solarenergie für mehr als die Hälfte der Menschheit. Expertenwissen war hier eher die Ursache dafür, genau diese einfache, aber entscheidende Frage, wie hoch denn die realen Energiekosten für die Ärmsten sind und wie dazu im Verhältnis die Energiekosten durch Solarenergie stehen würden, nicht zu stellen. Wenn sich vor Muhammad Yunus schon jemand diese »Einfacher-Menschenverstand«-Frage gestellt hätte, hätte diese in ihrer Wirkung revolutionäre Entdeckung schon viel früher erfolgen können. Was spricht dagegen, Experteneinschätzungen noch einmal mit normalem Menschenverstand zu hinterfragen? Wer wäre nicht imstande, solch einfache Fragen zu stellen?

Frappierend ist, neben der bereits angesprochenen sozialen Wirkung, auch die ökologische Dimension dieser Social Innovation: Viele Umweltengagierte in den westlichen Industrieländern fürchten sich vor der verheerenden Wirkung der Ausbreitung des westlichen Lebensstils in den bisherigen Armutsregionen der Welt. Was passiert, wenn nicht nur 300 bis 500 Millionen Menschen, wie derzeit in China und Indien, aus der Armut aufsteigen und ihren Energie- und Wohlstandshunger exzessiv ausweiten, sondern ein, zwei oder gar drei Milliarden, die derzeit noch von weniger als 2 US-Dollar pro Tag leben?

Grameen Shakti bietet hierzu ein funktionierendes Lösungsmodell an, das weltweit problemlos und kostenneutral umgesetzt werden kann: Wenn alle Armen der Welt, die in Regionen mit relativ hoher Sonneneinstrahlung leben (das sind weit mehr als 90 Prozent), nach diesem Modell in wenigen Jahren komplett auf Solarenergie umsteigen, ist das ein entscheidender Beitrag zur globalen Energiewende. Die gesamte aufholende Entwicklung der armen Hälfte der Menschheit, die nicht nur aus humanen Gründen richtig, sondern auch aus Gründen der Dynamik der Globalisierungseffekte unvermeidbar ist, diese aufholende Entwicklung kann dank dem Modell von Grameen Shakti in sehr kurzer Zeit komplett auf eine solarenergetische Basis gestellt werden. Der damit noch einmal immens gesteigerte Nachfrageboom für Solartechnologie und Solarprodukte wird diese darüber hinaus auch für alle anderen Nachfrager in der Welt günstiger machen. Die globale Solarwende kann also am besten über die Solarwende im Süden mobilisiert und organisiert werden.

Frappierend am Beispiel von Grameen Shakti ist schließlich auch dessen ökonomische Dimension. Hier ist durch eine einfache Social Innovation ein Geschäftsmodell mit einem gigantischen Zukunftsmarkt entstanden. Wenn dieses durch ökosozial motivierte Unternehmer in den nächsten Jahren weit über Bangladesch hinaus implementiert wird, kann es bis 2020 weltweit zwischen 500 Millionen und einer Milliarde Solaranlagen geben. Der Durchbruch dieses globalen Solarmarkts wird viele weitere Märkte in den heutigen Armutsregionen der Welt eröffnen. Einerseits wird sich die Einkommenskurve der Menschen deutlich nach oben bewegen und andererseits wird die Entwicklung weiterer solarenergetischer Technologien für diese Armutsmärkte einen lukrativen Markt eröffnen. Zudem werden technologische Innovationen vorangetrieben, die in diesen Regionen auf den Zugang zu Solarenergie angewiesen sind.

Grameen Shakti selbst engagiert sich für die Ausweitung des Social Impact Business Modells in andere Länder. Immer mehr Unternehmensgründungen folgen demselben Pfad. Die Verknüpfung der Implementierung von Solar Home Systems mit den Finanzierungsmöglichkeiten der mehr als 10.000 weltweit vorhandenen Mikrofinanzorganisationen ist ein sehr naheliegender, aber nicht der einzig mögliche Ansatz. Ein Hersteller von modernen und energiesparenden Kühlschränken hat in Lateinamerika vorgemacht, wie die Implementierung solcher Innovationen in Armutsmärkten auch mit anderen Modellen funktionieren kann. Dieser Kühlschankhersteller bot jenen Armutshaushalten, in denen bislang alte, viel Energie verbrauchende Kühlschränke standen, an, diese durch neue, energiesparende Geräte zu ersetzen. Die Abbezahlung erfolgte in Raten, die sich aus den monatlichen Energieeinsparungen ergaben. Mit solcherart Kreativität lassen sich noch weit mehr Geschäftsmodelle entwickeln, mit denen die beschriebene globale Solarwende und die Wende zu weiteren Ökoeffizienzprodukten in diesen Märkten sehr schnell weltweite Realität werden kann.

## Mit einer sozialen Gesundheitsrevolution
## zum Weltmarktführer

Nicht nur in Bangladesch und nicht nur im Umfeld von Grameen ereignen sich bahnbrechende Social Innovations. Bevor wir auf Beispiele aus Europa und anderen Kontinenten kommen, sei hier ein weiteres Beispiel aus Asien, diesmal aus Indien, angeführt.

Ein Augenarzt aus Madurai namens G. Venkataswamy wollte mit seinem sozialen Engagement mehr erreichen als einige Stunden ehrenamtlich in den Dienst einer Organisation wie Ärzte ohne Grenzen zu stellen. Er fragte sich, ob es nicht möglich sei, die Dinge in seinem Kompetenzbereich, der Operation von Grauem Star, besser zu organisieren als bisher. Mit besser meinte er, mit möglichst einfachen und kostengünstigen Innovationen die Abläufe effektiver zu gestalten und die Kosten zu reduzieren – möglichst so weit, dass er diese Dienstleistung nicht mehr nur relativ vermögenden Menschen kostendeckend anbieten und als kleine soziale Nebenleistung an Arme verschenken kann. Denn solange die Leistung selbst relativ teuer bleibt, helfen auch die vorhandenen staatlichen und internationalen Programme nicht wirklich weiter – nur vergleichsweise wenige der Bedürftigsten erhalten auf diesem Wege die dringend notwendigen gesundheitlichen Dienstleistungen. Allein in Indien sind etwa 15 Millionen Menschen aufgrund mangelnder Vorsorge beziehungsweise Betreuung an Grauem Star erblindet.

G. Venkataswamy begab sich auf den Pfad der systematischen Suche nach technischen Innovationen und insbesondere Social Innovations, die ihn seinem Ziel näher bringen könnten. Er unterteilte den Prozess von der Diagnose von Grauem Star in den entlegenen Dörfern Indiens über die Operationsvorbereitung, die Operation selbst bis zur Nachsorge plus die

Bereitstellung von erforderlichen Hilfsmitteln wie Linsen und Brillengestellen in einzelne Schritte und stellte sich bei jedem dieser Schritte die Frage, ob dort Innovationen möglich seien. Das Ergebnis war die Entstehung eines weltweit einmaligen Kliniktypus, den Aravind Kliniken, und einer Serie von ebenso innovativen Tochterunternehmen.

Es würde in zu viele Details führen, wollte man hier alle Innovationen näher beschreiben. Die Ergebnisse jedoch, die die einfache Entscheidung zeitigte, alles, was das uns bekannte Gesundheitswesen zum Thema Grauer Star bisher leistete, noch einmal in jedem Detail auf den Prüfstand zu stellen, lassen sich auch auf einer abstrakteren Ebene eindrucksvoll zusammenfassen: Die Aravind-Kliniken haben die Kosten für die Operation von Grauem Star um 95 Prozent reduzieren können. Auf dieser Grundlage verschenken sie 60 Prozent der Dienstleistungen für ihre inzwischen über 2,5 Millionen Patienten an die Ärmsten, die sich eine Augenoperation sonst nicht leisten könnten. Trotzdem sind die Aravind-Kliniken so profitabel, dass sie nicht weniger als 25 Prozent Kapitalrendite erwirtschaften. Sie stecken dieses Geld jedoch in allererster Linie in die Forschung, in die Erweiterung ihrer kostenfreien oder sehr stark kostenreduzierten sozialen Dienstleistungen und in die Entwicklung ähnlicher Innovationen für andere Herausforderungen im Gesundheitssektor. Das treibende Ziel ist und bleibt eine echte Gesundheitsrevolution für die Armen der Welt.

Die Aravind-Kliniken haben ein ungewöhnlich breit gestaffeltes Tarifsystem eingeführt. Aufgrund der extremen Kostenreduktion durch eine inzwischen sehr lange Liste von Innovationen und Patenten können sie trotz des Verschenkens ihrer Leistungen an die Ärmsten auch ihren mittelständischen Klienten noch sehr günstige Tarife anbieten. Aber selbst steinreiche Amerikaner fliegen inzwischen zur Operation ihres

Grauen Stars nach Indien, um diesen Eingriff in den Aravind-Kliniken vollziehen zu lassen. Hier spielen selbstverständlich nicht Kostengründe eine Rolle, sondern allein die Qualität der Dienstleistung ist entscheidend. Tatsächlich gelten die Aravind-Kliniken inzwischen als die besten Kliniken der Welt für die Operation von Grauem Star.

Am Beispiel der Aravind-Kliniken hat sich die These des amerikanischen Wirtschaftswissenschaftlers C. K. Prahalad bestätigt, dass die Entwicklung von Innovationen an dieser ungewohnten Front von Dienstleistungen und Produkten für die Ärmsten auch zu Quantensprüngen an der Qualitätsfront und damit an Dienstleistungen und Produkten für die Wohlhabenden führen kann.

Aravind ist inzwischen ein multifunktionales Gesundheitsunternehmen. Mit dem Ziel, sozialinnovative Dienstleistungen zum Nutzen der Armen aufzubauen, produziert es ständig neue Patente im Gesundheitssektor, zum Nutzen aller Bevölkerungsschichten in der Welt. Bei der Produktion kostengünstiger Kontaktlinsen beispielsweise ist ein Aravind-Tochterunternehmen inzwischen die Nummer drei in der Welt. Social Innovation und Social Impact Business revolutionieren also gleichzeitig die Innovationsentwicklung, die Effizienz und die Dimension des sozialen Nutzens und nicht zuletzt die Wirtschaftlichkeit und das in einem Ausmaß, dass sie die Innovationswelt, die soziale und ökologische Welt sowie die Wirtschaftswelt gründlich aufmischen.

Auch Grameen hat sich erfolgreich der Verbesserung der Gesundheitsversorgung in Bangladesch gewidmet. Mit einem im Jahr 2010 gestarteten Projekt sollte der Aufbau eines funktionierenden Gesundheitssystems in den ländlichen Regionen von Bangladesch vorangebracht werden. Bangladesch hat, wie nahezu alle sogenannten Entwicklungsländer, das Problem einer Konzentration seiner Ärzteschaft in den großen Metropolen und einer chronischen und dramatischen Unterversorgung der ländlichen Regionen mit medizinischen Dienstleistungen. Die meisten Ärzte sind nicht bereit, auf dem Land zu leben, wenn überhaupt, dann kommen sie gelegentlich zu temporären Gesundheitscamps dorthin. Verschärft wird diese Situation noch durch den Mangel an Pflegepersonal: In Bangladesch kommt gerade einmal eine Krankenschwester auf vier Ärzte.

Das neue Projekt von Grameen will diesen Mangel beheben, indem in kurzer Zeit 100.000 Krankenschwestern ausgebildet werden sollen.

Fast alle Gesundheitsprojekte, die über internationale Organisationen und Hilfswerke organisiert werden, wählen nicht den Weg systemischer Veränderungen beim Aufbau ländlicher Gesundheitssysteme in Armutsregionen, sondern denken »typisch westlich«. Sie bauen eine Klinik mit westlichen Gerätschaften, westlichen Medikamenten und westlichen Konzepten der Gesundheitsorganisation. Dies führt in den Armutsregionen, in denen man auf diese Weise helfen möchte, zu teuren Gesundheitsinseln, die den Aufbau von kostengünstigen Systemen, die möglichst schnell möglichst viele Menschen mit möglichst breitflächiger Verbesserung ihrer Gesundheitsversorgung erreichen, eher behindern, weil die teuren Gesundheitsinseln die vorhandenen Budgets schnell aufbrauchen. In Regionen, in denen viel zu wenige Ärzte für den ländlichen Raum zur Verfügung stehen und noch viel weniger Krankenschwestern, kann so kein gesundes und organisch wachsendes Gesundheitssystem entstehen.

Der Grameen-Ansatz sieht daher Folgendes vor: Konzentration auf die Ausbildung von Krankenschwestern in Kombination mit einem dauerhaften Coaching- und Fernlernfortbildungssystem der Krankenschwestern auf dem Lande durch die Ärzte in den Städten via Handy. Handys werden dadurch zum wichtigsten Aus- und Fortbildungsmedium beim Aufbau von funktionierenden, höchst wirkungsvollen und gleichzeitig extrem kostengünstigen Gesundheitssystemen in den ländlichen Armutsregionen der Welt. Und das Handy wird darüber hinaus auch zu einem der wichtigsten medizintechnischen Instrumente. Nicht wenige Krankheitssymptome lassen sich handy-fotografisch inzwischen so erfassen und unmittelbar in städtische Arztpraxen, Labore und Krankenhäuser transportieren, dass eine professionelle Diagnose und professioneller Rat in kürzester Zeit an jedem Ort der Welt zur Verfügung stehen. Gesundheitliche Aufklärung in breiten Bevölkerungsschichten, Prophylaxeinformationen, Aus- und Fortbildungen für Krankenschwestern, Diagnose und professionelles Fern-Coaching erhalten mit der hier begonnenen Entwicklung für den Aufbau von Gesundheitssystemen in den ländlichen Armutsregionen eine wahrhaft revolutionäre Bedeutung. Und mit der Entwicklung von Geräten, mit denen die lokale Diagnose verbessert werden kann, gibt es auf diesem Wege noch viele weitere Ausbauperspektiven.

## Wie Behinderte Spezialisten überholen

Thorkil Sonne, der Vater eines jungen Mannes mit Asperger-Syndrom, einer Form des Autismus, dachte darüber nach, ob der Lebensweg oder präziser der Lebenskorridor seines Sohnes auch während der kommenden Jahre so fest einbetoniert bleiben müsste wie bisher. Die Mauern um ihn, das waren die Merkmale, die üblicherweise mit Autismus verbunden sind: weitgehende soziale Isolation, Arbeitsunfähigkeit, hoher Betreuungsbedarf und eine doch auch sehr bedrückende Situation für alle, die im unmittelbaren Umfeld davon betroffen sind – und all dies auf Dauer, lebenslänglich. Da ist es ein gewisser, aber letztlich doch nicht wirklich großer Trost, dass sein Heimatland Dänemark für solche Fälle vergleichsweise sehr gute soziale und gesundheitliche Dienstleistungen bereithält. Aber gab es wirklich keinen Weg für seinen Sohn, dieses vermeintlich unvermeidliche Lebensgefängnis des Autismus zu verlassen?

Der Vater richtete seinen Blick auf die Fähigkeiten seines Sohns. Er überlegte: Was kann ein Autist? Was kann er vielleicht sogar so gut, dass er damit einen respektvollen Platz in der Gesellschaft finden kann? Jeder, der den Film »Rainman« mit Dustin Hofman in der Rolle des autistischen Hauptdarstellers gesehen hat, kennt die Antwort. Dennoch hatte bis dahin niemand diese Frage so gestellt wie Thorkil Sonne und vor allem hatte niemand solche Konsequenzen daraus gezogen. Autisten haben ein außergewöhnlich gutes Zahlengedächtnis. Selbst Zahlenkolonnen, vor denen jeder Normalbürger kapitulieren würde, schrecken Autisten nicht. Sie saugen diese auf und reproduzieren sie mit nahezu maschineller Präzision und Geschwindigkeit.

Diese Fähigkeit wird bei IT-Unternehmen gebraucht und gut bezahlt. Dort fallen permanent Controllingaufgaben für ewig lange Zahlenkolonnen an, die selbst für Zahlenfanatiker irgendwann langweilig werden – nicht aber für Autisten. Das ist für sie ein ideales Arbeitsfeld. Thorkil Sonne fragte bei IT-Unternehmen wie Intel oder Microsoft an und startete mit seinem ungewöhnlichen Unternehmen Specialisterne, das bis heute 120 Autisten beschäftigt und dabei ist, auch international Niederlassungen zu gründen.

Specialisterne macht aus Menschen, die bisher vor allem als Betreuungsfälle betrachtet wurden, wertvolle und anerkannte Mitarbeiter in der ganz normalen Arbeitswelt. Ihr Selbstwertgefühl ändert sich grundlegend und damit verändern sich nahezu alle Aspekte ihres Lebens. Ein Freund, dem ich diese Geschichte erzählte, meinte, wir sollten vielleicht unseren

Blick auf behinderte Menschen generell verändern, indem wir sie als Menschen mit besonderen Fähigkeiten wahrnehmen.

Der Duisburger Arzt Frank Hoffmann tat dies mit einer anderen Gruppe von Behinderten beziehungsweise mit einer anderen Gruppe von Menschen mit besonderen Fähigkeiten. Bei der Suche nach den geeigneten Personen für eine möglichst frühe und zugleich möglichst zuverlässige Diagnose von Brustkrebs bei Frauen kam ihm irgendwann der Gedanke, dass möglicherweise blinde Frauen dafür am besten geeignet sein könnten. Tests bestätigten diese Vermutung. Wir alle wissen, dass Blinde ihren Tastsinn zwangsläufig weit über das »normale« Maß hinaus entwickeln müssen, um sich trotz ihres Handicaps in der Welt zurechtfinden zu können. Inzwischen bildet der Duisburger Gynäkologe systematisch blinde Frauen aus und hat auch deren formelle Anerkennung als Fachkräfte erreicht. Für sie gilt dasselbe wie für die Autisten: eine deutlich gesteigerte Wahrnehmung von Sinnhaftigkeit in ihrem Leben, ein deutlich gesteigertes Selbstwertgefühl, eine Verbesserung ihrer Gesundheit und eine Verbesserung ihrer Einkommens- und damit ihrer gesamten Lebenssituation.

Blinde Menschen entwickeln als Kompensation für ihren Sehsinn gleich mehrere andere Sinne dafür überproportional weiter. Sie können uns Sehende daher, so wie niemand sonst, in die Fähigkeiten des »Sehens« mit den Ohren, mit den Fingern und Händen, mit der Nase und so weiter einführen. Der Social Entrepreneur Andreas Heinecke aus Hamburg gründete auf dieser Grundlage ein anderes, höchst faszinierendes Social Business: das Museum »Dialog im Dunkeln«. Dort sind die Angestellten Blinde, die Sehende in die Welt der Dunkelheit führen und sie dort lehren, die auch in ihnen vorhandenen Fähigkeiten des anderen Sehens, des Sehens ohne Augen, zu entdecken. Dieses Museum ist die vielleicht intensivste Schule, unsere Sinne in einer völlig neuen Qualität wahrnehmen und weiterentwickeln zu können. Es gibt dafür keine besseren Führer und Lehrer als Blinde. Das von Andreas Heinecke geschaffene Geschäftsmodell der Blindenmuseen verbreitet sich rasch in immer mehr Ländern. Im Herbst 2011 gab es bereits 60 »Dialog im Dunkeln«-Museen.

Alfred Adler, der Begründer der Individualpsychologie, entwickelte bereits vor über 100 Jahren die Lehre der Überkompensation. Seine These: Menschen mit Organminderwertigkeiten entwickeln einen natürlichen Drang, die damit verbundenen Nachteile zu überwinden. Sie kompensieren sie auf unterschiedliche Weise und auch mit unterschiedlicher Intensität. Viele verharren noch nahe dem Zustand des reinen Leidens, sie fügen sich in ihr Schicksal und verspüren Resignation. Dieser überwiegende Teil der Menschen begibt sich nur marginal und punktuell auf den Pfad der Kompensation. So wird ein Blinder fast immer eine kompensierende Überentwicklung der anderen Sinne vollziehen, um nicht vollständig in seiner Bewegungsfreiheit eingeschränkt zu sein. Doch bleibt diese Kompensation meist eingeschränkt.

Bisher nur eine Minderheit der Menschen mit Handicaps begibt sich auf einen wesentlich radikaleren Pfad. Sie entwickeln ihre kompensierenden Fähigkeiten weit über den Punkt hinaus, den man als Kompensations-Nullpunkt bezeichnen könnte. Sie überkompensieren immer weiter, sodass man einige von ihnen als regelrechte Genies in ihren Kompensationsdisziplinen bezeichnen kann. Tatsächlich gelangte Alfred Adler zu der Überzeugung, dass Genies keine Menschen mit besonderen Genen seien, sondern in aller Regel exzessive Überkompensierer. Er untersuchte die Biografien zahlreicher Genies – und fand seine These in vielen Fällen bestätigt: Berühmte Maler hatten als Kinder Augenprobleme, berühmte Musiker Ohrenprobleme und so fort.

Was würde es für unsere Gesellschaft bedeuten, wenn wir den hier geschilderten Erfahrungen und der These von Alfred Adler folgten? Wir könnten noch bei Millionen mehr Menschen mit Behinderungen deren besondere Fähigkeiten entdecken und sie damit aus ihrer Isolation befreien und ihnen einen sinnstiftenden Platz inmitten unserer Gesellschaft anbieten. Und wir könnten Überkompensation zu einem Teil unseres allgemeinen Bildungssystems machen, sodass jeder Mensch lernt, wie er ausgerechnet an seinen Schwachstellen besondere Stärken entwickeln kann. Eine Übertreibung?

Auch wenn an unseren Schulen die Fähigkeit zur Überkompensation noch nicht vermittelt wird, so wird sie in der »Schule des Lebens« längst an sehr vielen Orten der Welt vermittelt. In Frankreich machte es sich der Social Entrepreneur Majid El Jarroudi zur Aufgabe, in den Slums der Metropolen, insbesondere in den multikulturellen Vorstädten von Paris, genau jene Menschen zu identifizieren, die ihr soziales Elend mit besonderen unternehmerischen Fähigkeiten überkompensiert hatten. Sein Social Business namens Adive ist ein Headhunter-Unternehmen, das nicht Starabsolventen der berühmtesten Elitehochschulen in Spitzenpositionen von großen Unternehmen vermittelt, sondern junge Leute aus den Slums. Diese völlig verrückt klingende Social Business-Idee erforderte anfangs in der Tat einige Überzeugungskraft bei den Unternehmen. Inzwischen aber hat es sich dort herumgesprochen, dass Majid El Jarroudi das richtige Gespür hat, um in den Slums jene Manager- und Unternehmertalente zu erkennen, die sich in der Wirtschaft dann tatsächlich besonders gut bewähren. In Brasilien förderte eine Studie ein analoges Ergebnis zu Tage: Eine beachtliche Zahl der Jungstars unter den erfolgreichen Nachwuchsunternehmern des Landes hatten ihre Fähigkeiten in den Favelas und auf den Müllhalden der Großstädte »gelernt«. In Deutschland kämpft Rüdiger Iwan dafür, dass es in unseren

Schulen – im Interesse aller Schüler, aber insbesondere im Interesse der vermeintlich »Lernschwachen« – eine zweite Art von Zeugnis geben sollte, in dem die »außerschulischen« Fähigkeiten festgehalten werden. Dies, kombiniert mit der Vermittlung der Fähigkeiten zur Kompensation und Überkompensation, würde unsere Schulen und unsere Gesellschaft bereits in einen deutlich anderen Zustand führen.

Es gibt noch eine weitere Gruppe von Menschen, die bislang nur schwer in die Arbeitswelt integriert werden können: Menschen mit psychischen Handicaps. Der Berliner Psychologe Friedrich Kiesinger machte es zu seiner Lebensaufgabe, diesen Menschen zu helfen. Er gründete gemeinsam mit Betroffenen den gemeinnützigen Verein »Albatros« und beschäftigt dort sowie in weiteren gemeinnützigen Tochtergesellschaften rund 500 Angestellte. Albatros erkannte die positiven stabilisierenden Effekte von Beschäftigung auf den Heilungsprozess psychisch erkrankter Menschen. Zahlreiche Arbeitsstellen wurden in unterschiedlichsten Bereichen, wie beispielsweise in einer Textilwerkstatt oder dem Restaurant Gundelfinger in Berlin geschaffen. Dennoch hatten es Menschen, die ihre psychische Erkrankung überwunden hatten, schwer, wieder auf dem ersten Arbeitsmarkt Fuß zu fassen. Diesem Problem stand Albatros gegenüber, als in einem durch EU-Mittel finanzierten Projekt psychisch erkrankte Menschen für den ersten Arbeitsmarkt fit gemacht werden sollten. Die Teilnehmerinnen und Teilnehmer waren zwar gerüstet, allerdings hatte der Arbeitsmarkt keinen Platz für sie. Eine Gruppe von Handwerksmeistern und psychisch beeinträchtigten Menschen wurde aus dieser Not bei der 1999 gemeinsam mit leitenden Angestellten gegründeten gewerblichen Firma Pegasus eingestellt, woraus sich die Geschäftsbereiche Gastronomie und Catering, Gebäudereinigung, sowie Malerei und Ausbaugewerke entwickelten.

Nach wie vor bestehen bei einigen Unternehmen Vorbehalte, wenn es darum geht, Menschen mit einer psychischen Erkrankung einzustellen. Dabei sind psychische Erkrankungen auf dem Vormarsch. So war 2010 nahezu jeder zehnte Ausfalltag auf eine psychische Erkrankung zurückzuführen. Auch wenn das Risiko, beispielsweise für Depressionen, erblich bedingt bei manchen Menschen höher ist als bei anderen, kann jeder Mensch psychisch erkranken. Von den derzeit 140 Angestellten bei Pegasus haben 20 Prozent eine psychische oder körperliche Beeinträchtigung.

Nach den Erfahrungen mit Pegasus und Albatros sieht Friedrich Kiesinger Arbeit als notwendige Ergänzung zur eigentlichen Therapie und Diversity-Management als eine Bereicherung für Unternehmen. Erst mit einer Brücke zu Unternehmen könne eine Therapie aus gesamtgesellschaftlicher Sicht als wirklich erfolgreich betrachtet werden, so Kiesinger. Aus dieser Notwendigkeit heraus entstand bei Pegasus der Bereich Vermittlungs-Coaching, der die Verbindung zum ersten Arbeitsmarkt darstellt, da nicht alle betreuten Menschen einen Arbeits- oder Ausbildungsplatz bei Pegasus finden konnten.

Bei Pegasus besteht noch eine Sondersituation: Die dort Beschäftigten können, wenn sie dies brauchen, noch eine Zeitlang eine unterstützende therapeutische Begleitung in Anspruch nehmen. Diese Besonderheit jedoch lässt sich leicht auch auf andere Firmen übertragen.

Immer mehr Kommunen, Social Entrepreneurs und Unternehmen interessieren sich inzwischen für das Pegasus-Konzept und denken über Replikationen und Adaptionen nach. Allein in Deutschland liegt der potenzielle Bedarf für Arbeitsangebote in der Form, wie sie Pegasus bereitstellt, jenseits der Millionengrenze.

## Von der erfolgreichsten Innovatorin
## aller Zeiten lernen

Eine besondere Quelle für verantwortungsvolle Innovationen, die gleichzeitig ökologische, soziale und ökonomische Herausforderungen lösen, ist die Natur. Sie entwickelt seit Milliarden von Jahren permanent innovative Lösungen, die grundsätzlich immer höchste systemische Qualitäten in sich tragen. Die Natur ist eine Meisterin der ökonomischen Effizienz. Nur 0,03 Volt reichen aus, um beispielsweise das menschliche Herz zum Schlagen zu bringen und damit einen Hochleistungsorganismus in Gang zu halten. Die Natur ist auch eine Meisterin der Ökologie, denn in ihr gibt es keinen Abfall, alles wird wiederverwertet, alles ist Teil einer ewigen Kreislaufwirtschaft. Und die Natur ist eine Meisterin des Sozialen. Alles ist eingebettet in Myriaden von synergetischen Dienstleistungen für die komplementären Organe und die systemrelevanten Mitgeschöpfe. Daraus leitet der Biologe und Zukunftsforscher Gunter Pauli folgende Empfehlung ab: Schaut euch genau an, wie der blaue Planet, die Natur, Herausforderungen löst, und versucht, eure Problemlösungen von der Natur abzuschauen, dann entwickelt ihr eine völlig neue Qualität von ökonomisch, ökologisch und sozial nachhaltigen Innovationen, dann entwickelt ihr eine Blue Economy, die per se einen hohen Grad an Social Innovations in sich trägt und per se ein Social Impact Business ist.

Das erste Prinzip, das Gunter Pauli und seine Mitstreiter von der Natur ableiten: kein Copyright! Alle Innovationen, die sie von der Natur abgeschaut haben, veröffentlichen sie daher im Internet zur freien Nutzung.

Ein zweites Prinzip ist: Probleme nie eindimensional sehen, sondern immer mehrere zentrale Probleme in einer bestimmten Situation anschauen und Lösungen suchen, die dazu geeignet sind, alle diese Probleme gleichzeitig zu lösen. Dies führt uns auf den Pfad ganzheitlicher Lösungen, die zudem meist noch den Vorteil aufweisen, in ökologischer, sozialer und ökonomischer Hinsicht innovationsstärker zu sein als Lösungen, die sich nur auf eines dieser Ziele hin orientieren. Dieser Rat klingt wie der radikale Kontrapunkt zu unseren bisherigen Wegen der Innovationsentwicklung – und er ist es auch: Wenn ihr ein Problem seht, sucht nach weiteren Problemen im selben sozialen und ökologischen Kontext, dann werdet ihr auf Lösungen kommen, die besser eingebettet sind in den Kontext und damit auch stabiler und nachhaltiger. Und mit einem wachsenden Grundverständnis für die Naturzusammenhänge werdet ihr solche Blue Economy-Lösungen nicht schwerer finden als auf klassischen Wegen, sondern leichter.

Betrachten wir ein Beispiel aus Simbabwe. Dort haben die ehemaligen Kolonialherren Wasserhyazinthen als Zierpflanzen eingeführt. In Regionen, in denen Wasserhyazinthen zum natürlich gewachsenen Kreislauf gehören, richten sie keinen Schaden an, sondern sind höchst nützlich. In den Naturkreisläufen in Simbabwe erzeugen sie jedoch ein enormes ökologisches Problem. Wasserhyazinthen wachsen in bestimmten Gewässern außerordentlich schnell und bedecken dann ganze Flusslandschaften und Seen mit ihrer invasiven Biomasse, sodass diese umkippen oder zumindest die Fischerboote diese Wasserregionen nicht mehr passieren und die Fischer dort nicht mehr fischen können. Ein zweites Problem in derselben Region ist die hohe Zahl von Waisen aufgrund der dramatischen Ausbreitung des HI-Virus. Im südlichen Afrika haben daher mehrere Millionen Kinder keine Eltern und finden nur selten den Zugang zu einem hinlänglichen Einkommen. Ein drittes Problem ist eine generell nicht besonders ausgewogene Ernährung in dieser Gegend mit den entsprechenden Folgewirkungen.

Zunächst betrachtete man diese Probleme voneinander getrennt. Man suchte vor allem das Problem mit den Wasserhyazinthen zu lösen, und zwar durch staatlich beauftragte Arbeiter. Sie sollten die betroffenen Stellen in den Gewässern immer wieder abräumen und den dadurch entstandenen »Müll« entsorgen. Das Ergebnis: permanente Kosten für die Gemeinschaft, da die in dieser Gegend lebenden Elefanten und Zebras die faserige Biomasse der Wasserhyazinthen verschmähen. Doch selbst dieses überschaubare Problem des Abräumens und Abtransports der Wasserhyazinthen wird nicht wirklich gelöst, weil die Kommunen von chronischer Geldknappheit geplagt sind und deshalb zu wenige Arbeiter mit zu geringer Entlohnung einsetzen.

Social Innovators, die Innovationen auf der Grundlage des Blue Economy-Denkens entwickeln, fanden bessere Lösungen, und zwar gleich für alle drei identifizierten Probleme dieser Region: Die Biomasse der Wasserhyazinthen ist zwar eine zu große Zumutung für die Mägen der dort lebenden Tiere, aber der ideale Nährstoff für die Zucht von Pilzen. Diese Pilze reichern das Nahrungsangebot der dort lebenden Menschen entscheidend an, sodass diese sich nun gesünder und ausgewogener ernähren können, weil sie gelernt haben, Pilze wieder in ihre Nahrungszubereitung mit aufzunehmen. Wenige Generationen zuvor noch hatten Pilze zu den dortigen Grundnahrungsmitteln gezählt, wurden dann aber durch die Kolonialherren verdrängt. Die wieder aktivierte Pilzzucht schafft für die bis dahin vom Arbeitsmarkt weitgehend ausgeschlossenen Waisen eine solide Einkommensperspektive. Da sie hierfür Wasserhyazinthen brauchen, übernehmen sie die Entsorgung von deren überschüssiger Biomasse auf den Gewässern und lösen damit im Rahmen ihres ökonomischen Eigennutzes dieses ökologische Problem.

Inzwischen haben die Bewohner dieser Gegend weitere wirtschaftliche Nutzungsmöglichkeiten von Wasserhyazinthen entdeckt. Man kann aus ihnen ebenso schöne geflochtene Möbel fertigen wie aus Rattan. Die Projektwerkstatt von Günter Faltin erkannte dies als Markt auch für Europa und vertreibt wunderschöne Wasserhyazinthen-Tische, -Stühle und -Sofas.

Die Fähigkeit, in Systemen zu denken, ist viel leichter zu entwickeln als die Fähigkeit, sich in Spezialgebiete einzugraben. Warum? Systemisches Denken ist uns von der Natur mitgegeben, es ist im Kern nichts anderes als das, was wir gemeinhin als »gesunden Menschenverstand« bezeichnen. Als Kinder waren wir alle neugierig darauf, herauszufinden, wie die Dinge zusammenhängen. Erst wenn Eltern und später Lehrer damit beginnen uns einzureden, wir sollten uns vor allem auf unsere speziellen Fähigkeiten konzentrieren, weil dies die Grundlage unserer künftigen Spezialistenberufe sei, verlieren wir graduell unsere systemischen Fähigkeiten, alles in seinen Zusammenhängen zu erkennen, und unseren gesunden Menschenverstand, um aus diesen Erkenntnissen praktikable Lösungen und Handlungsstrategien zu entwickeln. Mit der Wiederentdeckung und Wiederaktivierung unserer natürlichen systemischen Fähigkeiten in Verbindung mit einem guten Zugang zu Wissen und einem guten Austausch mit anderen Menschen – was im Zeitalter des Internet schon beinahe als kollektives Grundrecht verwirklicht ist – können wir alle zu guten Social Innovators werden und auch unsere unternehmerischen Qualitäten im Sinne von Social Impact Business entdecken.

Alle hier angeführten, teilweise traumhaft innovativen und wirkungsmächtigen Social Innovations und Social Impact Unternehmen gibt es. Und neue Unternehmen dieser Art schießen derzeit weltweit aus dem Boden. In Großbritannien haben sich bereits mehrere 10.000 solcher Sozialunternehmen zu einem eigenen Verband zusammengeschlossen. Was ist allen diesen Unternehmen gemeinsam? Sie wurden allein zu dem Zweck gegründet, ein brennendes gesellschaftliches Problem zu lösen und nicht, um Geld zu akkumulieren. Sie bezahlen ihre Mitarbeiter marktgerecht oder sogar besser und arbeiten gewinnorientiert, aber der Gewinn verbleibt ganz oder weitestgehend im Unternehmen, um die soziale oder ökologische Leistung weiter zu verbessern und auszuweiten.

## Social Innovation – Social Entrepreneurship – Social Impact Business

Die Augen für diese neue Art von sozialen Innovationen öffnete als Erster Bill Drayton, der mit seiner Organisation Ashoka bis heute mehr als 2.700 besonders beispielgebende Sozialinnovatoren in über 70 Ländern identifizierte und förderte. Konstanze Frischen und Felix Oldenburg bauten Ashoka seit 2003 in Deutschland in kürzester Zeit zu einem starken, innovativen Player auf, der vielen die Augen öffnete für das Potenzial des sozialinnovativen Paradigmas. Erheblichen Schub gab dieser Bewegung Muhammad Yunus, der zeigte, dass soziale Innovationen zwar nicht immer, aber weitaus öfter als wir es uns bis dahin vorstellen konnten, auch noch wirtschaftlich selbsttragend arbeiten können. Drayton nannte die Sozialinnovatoren Social Entrepreneurs, um ihren unternehmerischen Innovationsgeist hervorzuheben, Yunus nannte die wirtschaftlich unabhängig arbeitenden sozialinnovativen Unternehmen Social Businesses.

Plötzlich gab es nicht nur eine völlig neue Generation von Sozialinnovatoren, sondern auch eine völlig neue Generation von Sozialunternehmern im engeren Wortsinne. Herzerwärmendes, sinnhaftes Arbeiten für eine bessere Welt bei ansonsten gleichen wirtschaftlichen Bedingungen ist weitaus attraktiver als Arbeiten in der »Cold Economy«, die sich noch zu sehr am monetären statt am »Social Profit«, dem gesellschaftlichen Nutzen, orientiert. Diese Botschaft kam an. Sie verbreitete sich wie ein Lauffeuer und schuf eine neue Sehnsucht nach einer Wirtschaft, die sich in den Dienst einer besseren Welt stellt, und einer Gesellschaft, die ihre ökologischen und sozialen Herausforderungen möglichst auch wirtschaftlich nachhaltig löst.

Doch ausgerechnet Yunus selbst baute in sein geniales wie faszinierendes Konzept eine Barriere ein, die seinen Jahrhundertimpuls in dessen Entfaltungsmöglichkeiten einschränken sollte. Nach seiner Definition dürfen sich nur solche sozialinnovativ angelegte und höchst gesellschaftsdienliche Unternehmen Social Businesses nennen, die gleichzeitig keinerlei Gewinnausschüttung an ihre Investoren vornehmen, nicht einmal einen Inflationsausgleich. Zahlreiche Menschen, die sich durch das Denken und Wirken von Muhammad Yunus inzwischen inspiriert fühlen, folgten ihm in diesem Punkt nicht. Aber der auch bei diesen Menschen geweckte Wunsch, ihr Denken und Wirken grundlegend neu auszurichten auf Social Impact statt auf einseitig monetäre Ziele, verdient unsere besondere Aufmerksamkeit. Wir sollten offen sein für unterschiedliche Ausprägungen von Social Impact Business und diese konstruktiv-kritisch begleiten und in ihren Lernprozessen und Entwicklungen fördern.

Social Impact als neues Leitmotiv der Wirtschaft soll nicht auf den vergleichsweise eher kleinen Bereich von rein philanthropischen Investoren reduziert sein. Damit würde das Entfaltungspotenzial von Social Impact Business auf einen viel zu kleinen Teil des Möglichen beschränkt. Die Aravind-

Unternehmen sind in Punkto Social Impact kein bisschen schlechter als Grameen, ebenso wenig in Bezug auf ihre gesellschaftliche Innovationskraft, wenngleich sie nach Yunus' Definition kein Social Business sind, da ein Teil ihrer Gewinne auch an die Investoren geht. Warum sollte ihre überwältigende soziale Mission und Wirkung in irgendeiner Hinsicht minder gewertet werden? Warum sollten wir ähnlich motivierte Innovatoren, Unternehmer und Investoren nicht in gleicher Weise würdigen und fördern – sofern es ihnen nachweisbar um den größtmöglichen Social Impact geht? Ferner: Warum soll ein Unternehmen wie BASF, das einen Gewinnverzicht bei einem Social Business Joint Venture mit Grameen locker aus der Portokasse zahlen kann, eine höhere soziale Motivation haben als ein Arbeitnehmer, der seine Altersvorsorge in einen Social Impact Business Fonds investieren möchte, auch wenn er dabei auf eine bescheidene Verzinsung nicht verzichten kann? Warum sollte kluges und transparentes Social Impact Investing in irgendeiner Hinsicht schlechter sein als philanthropische Investitionen?

Wir sprechen daher im Folgenden von Social Business in der Null-Dividende-Definition von Muhammad Yunus und von Social Investment Business in der im Anliegen absolut identischen Definition, aber mit dem Unterschied der Offenheit für eine moderate und transparente Kapitalverzinsung. Den Begriff Social Impact Business verwenden wir nachfolgend als Überbegriff für alle Bemühungen, zu gesellschaftlichen Herausforderungen eine neue Qualität von Social Innovations zu entwickeln und diese dann gleichzeitig möglichst wirtschaftlich selbsttragend umzusetzen.

Die Zukunft gehört Social Innovation – einer neuen Innovationswelle intelligenter Lösungen für die großen sozialen und ökologischen Herausforderungen der Zukunft – und Social Impact Business, einer Wirtschaft, die solche Innovationen wirtschaftlich selbsttragend organisiert. Social Business in der Definition von Yunus wird dabei weiterhin eine wichtige Rolle spielen. Es wird insbesondere als eine auch auf Dauer notwendige starke moralische Instanz dahingehend wirken, dass alle Varianten von Social Impact Business sich wirklich in allererster Linie am Social Impact orientieren und diesen nicht nur vorschieben. Dennoch ist absehbar: Die Social Impact Bewegung wird vielfältig und sie wird in der Summe unvergleichlich wirkungsvoller sein als eine Social Impact Orientierung, die nur im Rahmen von Null-Dividende-Ansätzen funktionieren dürfte.

Hierfür spricht unter anderem die vielleicht wichtigste ökonomische Erkenntnis der letzten Jahrzehnte. Zu dieser gelangte C. K. Prahalad, dem nach Umfragen des Wirtschaftsmagazins Forbes in den Jahren 2008 und 2010 bedeutendsten Wirtschaftswissenschaftler der Welt. Prahalad leitete aus seinen umfassenden Forschungen eine abenteuerlich klingende These ab:

Die nächste Generation von Innovationen wird sich an der Generierung von Geschäftsmodellen (einschließlich der dafür erforderlichen technischen und sozialen Innovationen) für «Bottom of the Pyramid» entzünden, also für die weltweiten Märkte an der Schwelle zwischen Armut und dem Weg aus ihr heraus. Wer wirtschaftlich funktionierende Produkte und Dienstleistungen für diese Zielgruppe entwickelt, dem steht der größtmögliche Zukunftsmarkt offen. Da solche Innovationen nur dann wirtschaftlich funktionieren können, wenn sie unser gewohntes Denken radikal infrage stellen, so wie bei Aravind, werden die daraus hervorgehenden Produkte und Dienstleistungen radikal kostengünstiger. Damit können sie auf den gesamten Weltmarkt angewendet werden – und sind nach den Erkenntnissen von Prahalad trotzdem meist sogar noch qualitativ besser.

Hilfreiche Produkte und Dienstleistungen zur Lösung der sozialen Probleme der bisher stark Benachteiligten, also Social Innovation und Social Impact Business, sind schlicht der Motor eines neuen weltweiten ökosozialen Wirtschaftswunders: des milliardenfachen Weges aus der Armut. Dies erkennen immer mehr Unternehmen überall in der Welt. Und dies ist einer der Hauptgründe dafür, dass die Grameen Bank derzeit so viele westliche Partnerunternehmen für Social Business Joint Ventures findet.

Ein uns vertrautes Beispiel für diesen Effekt: die extrem schnelle Verbreitung von Handys in den entlegendsten Regionen und der damit einhergehende Preissturz für Handys und Mobilfunk auch in den reicheren Ländern. Einer der wichtigsten Gründe für diese Entwicklung lag in der Entdeckung des Social Impacts von Handys in Schwellen- und Entwicklungsländern. Westliche Handyhersteller hielten es für ausgeschlossen, dass Handys auch für Arme ein sinnvolles und marktgängiges Produkt sein könnten. Muhammad Yunus hielt dies nicht davon ab, Experimente mit dem Einsatz von Handys bei Armen zu machen, von denen die meisten sogar Analphabeten waren. Seine These: Sie würden den Umgang mit Handys intuitiv lernen, sofern und insoweit das Handy sich für sie als nützlich erwies. Innerhalb kürzester Zeit lernten mehr als 100.000 Grameen-»Telefonladies« den Verkauf von Telefonminuten – und alle ihre Kunden lernten schnell die Vorteile dieser neuen Technologie kennen, wie zum Beispiel die Möglichkeit, sich nun selbst über die angemessenen Marktpreise ihrer Produkte auf den Regionalmärkten zu erkundigen. Auf diese Weise wurden Handys schnell zum großen Renner in den ärmsten Ländern der Weltgesellschaft. Dies beschleunigte ihre rasend schnelle Weiterentwicklung und den ebenso schnellen Preisverfall auch für die westlichen Handykunden.

Prahalads These gilt dabei keineswegs nur für Entwicklungsländer, denn auch in den Industrieländern gibt es einen »Bottom of the Pyramid«-Sektor, der in den vergangenen Jahrzehnten sogar eher wieder gewachsen ist aufgrund der Herausforderungen der Globalisierung für die traditionellen Industrieländer und eines damit verbundenen kombinierten Markt- und Staatsversagens. Wenn etwa europäische Versicherungsunternehmen neue Produkte entwickeln, die für die Zielgruppe der sozial und ökonomisch Schwachen in Europa echten Social Impact, also eine nachhaltige Verbesserung ihrer Lebenssituation, bedeuten, so sprechen sie damit alles andere als kleine Nischenmärkte an. Wenn man den sozialen Bedarf bei uns etwas weiter fasst und beispielsweise die gravierenden Probleme im Bildungssektor mit in den Blick nimmt, ist auch hier der Bedarf an Social Innovation und Social Impact Business immens. Und wenn sich der Staat bei uns schrittweise anders definiert, nämlich als »sozialer Investor« in die besten Social Innovations und Social Impact Business Konzepte und Unternehmen, sprechen wir schnell von einem riesengroßen Bereich in unserer Gesellschaft. Wir sollten uns auch daran erinnern, dass schon einmal Social Innovations in unseren Gesellschaften eine entscheidende Rolle spielten für den Weg aus der Armut für jene Abermillionen von Menschen, die bei uns damals »Bottom of the Pyramid« waren. Genossenschaftsbanken hatten seinerzeit bei uns eine ähnliche Wirkung wie die Kleinkreditbanken heute in den Ländern mit breiten Armutsschichten.

Gottlieb Duttweiler organisierte mit seiner Social Innovation der Migros-Märkte und der damit geschaffenen Vorlage für die Discount-Märkte den Zugang zu Lebensmitteln von guter Qualität auch für Menschen mit kleinem Geldbeutel bei uns – analog zu den heutigen Social Impact Businesses im Lebensmittelsektor wie beispielsweise Grameen Danone, das wir später noch darstellen werden.

Die Schwelle zu einer solchen weltweiten Social Impact Wirtschafts- und Gesellschaftsblüte ist bestimmt von einer Innovationskultur, die sich der Lösung der großen gesellschaftlichen Herausforderungen von Armutsüberwindung bis zum Zugang zu erneuerbaren Energien für alle widmet. Wir alle wissen, wie bitter notwendig eine solche ökosoziale Innovationsrevolution ist: Wir verbrauchen pro Jahr 1,5 Erden – um wieder in Einklang mit der jährlichen Regenerationskraft der Erde zu kommen, sind noch viele ökologische Innovationen erforderlich. Rund zwei Drittel der Menschheit leben in indiskutablen sozialen Verhältnissen und gleichzeitig vollzieht sich eine Erosion der Sozialsysteme in den reichen Ländern. Um diese immensen sozialen Herausforderungen zu meistern, müssen noch serienweise große soziale Innovationen generiert werden. Aber wie kann diese Wende systematisch gefördert werden zu einem echten breiten und systemischen Evolutionssprung?

## 2 Vorbereitung
## auf die notwendige Denkwende

## Warum sich die alten Widersprüche auflösen werden

Als wir im September 2010 an einem Konzept für einen neuen Think-Tank tüftelten, führte uns Bernd Kolb eine Präsentation seiner jüngsten Überlegungen vor. Es war ein Ausflug in Goethes Farbenlehre. Mit faszinierenden Erkenntnissen.

Was geschieht, wenn man blaue, rote und grüne Farbe übereinander schichtet? Führt man das Experiment mit einem Griff in drei Farbtöpfe mit diesen Farben durch, malt drei sich überlappende Farbkreise auf die Leinwand und sieht sich das Ergebnis an, so lautet die Antwort: schwarz. Führt man dasselbe Experiment mit drei Lichtquellen in den genannten Farben durch, dann entsteht weiß. Genauer: weißes Licht.

Hatten wir mit dieser Vorführung eines grundlegenden Naturphänomens die Veranschaulichung unserer Kernbotschaft gefunden? Uns war sofort klar: Ja, das hatten wir.

Wir suchten nach einer Versinnbildlichung unserer felsenfesten Überzeugung, nach der die Probleme der Menschheit nur noch dann zu lösen sind, wenn wir einen kollektiven Weg finden, bei dem Ökonomie, Ökologie und Soziales nicht länger als Widersprüche auftreten, sondern als sich ergänzende, sich unterstützende, sich belebende Elemente unserer unteilbaren Wirklichkeit. Jede dieser drei Entitäten war traditionell mit einer Farbe verbunden: Blau stand für rationale Wissenschaft, für Ökonomie, für Innovation; Rot für Emotion und insbesondere für das Soziale; Grün für die Ökologie.

Die optimale Integration von Blau, Rot und Grün ergibt, wie wir nun wussten, weißes Licht. Die optimale Integration von Ökonomie, Sozialem und Ökologie ergibt: lichte, strahlende Zukunft. Nur wenn das Verhältnis dieser drei Bereiche konflikthaft angelegt ist, also jeder dieser drei Bereiche auf Dominanz pocht, auf Eigen-Mächtigkeit aus ist, ohne sich in den Dienst einer größeren Einheit stellen zu wollen, wird im Ergebnis eine eher schwärzere Zukunft entstehen, symbolisiert im Ergebnis einer analogen Farbmischung. Je mehr wir Ökonomie, Soziales und Ökologie in ihrer Lichtqualität wahrnehmen und dementsprechend digital mit ihnen umgehen, sie also zu einer neuen Qualität konstruktiv zusammenfügen, desto mehr Licht, Perspektive, Zukunft entsteht. Schwarz wird dadurch zum bloßen Hintergrund, wird lediglich als Abwesenheit von Licht erkannt, die in dem Maße verschwindet, wie Licht aufleuchtet. Und helles, weißes Licht erstrahlt in dem Maße, wie blaues, rotes und grünes Licht sich intelligent, sprich integrativ ergänzen.

Reden wir über die jüngere Vergangenheit der Menschheitsgeschichte, etwa die vergangenen 200 Jahre, so strahlte zunächst das blaue Licht in neuer Kraft auf. Die Wissenschaften erlebten eine Blüte, in deren Folge bis dahin ungeahnte technische Innovationen entstanden. Und in der Folge erhob sich die Wirtschaft zu einer Kraft, die sich plötzlich in exponentiellen Schüben in ungekannte Dimensionen ausweitete.

Doch bald zeigten sich die Schatten einer einseitigen Dominanz von Wissenschaft und Wirtschaft: Diejenigen, die die Nase vorne hatten bei der Nutzung der neuen Möglichkeiten, erhielten einen Machtzuwachs, mit dem sie die Entwicklungschancen der restlichen Weltgesellschaft umso effektiver stören bis zerstören konnten. Entsprechende Emotionen entstanden, aus denen sich schrittweise soziale, rote Forderungen erhoben und durchsetzten und die mit der Zeit zumindest in einem Teil der Weltgesellschaft einen durchaus bemerkenswerten sozialen Ordnungsrahmen hervorbrachten. Für zwei Drittel der Menschheit, für die diese rote, soziale Phase bis heute nicht angebrochen ist, wuchsen auch in dieser Zeit nur das menschliche Elend und der Abstand zu den Wohlständigen. Die Wohlstandsverheißungen des wissenschaftlichtechnischen und des wirtschaftlichen Fortschritts erlebt die große Masse der Menschheit in den so genannten Entwicklungs- und Schwellenländern bis heute als Betrug an ihren Lebensperspektiven. Nur in jenen überschaubaren Regionen, in denen sich so etwas wie eine soziale Marktwirtschaft etablieren konnte, entstand ein Wohlstand in der Breite – für die begünstigten rund 500 Millionen allerdings auf einem historisch nie gekannten Niveau.

Doch allein schon dieser partielle, nur einer Minderheit der Menschheit vorbehaltene blau-rote Wohlstand führte zu einem weiteren Zerstörungswerk von historisch einmaliger Dimension: Die Ökosysteme wurden weit überdehnt und an den Rand ihres absehbaren Kollapses geführt. Die Zahl des jährlichen Verbrauchs von 1,5 Erden in Bezug auf die ökologische Produktions- beziehungsweise Regenerationsfähigkeit unseres Planeten steht stellvertretend für eine globale Zerstörungsmaschinerie unserer Lebensgrundlage, die wir nach und nach selbst gebaut haben und deren Steuerung wir offenbar erschreckend weitgehend verloren haben. Und so ist es ungewiss, ob wir die Kurve zur Überlebensfähigkeit noch rechtzeitig kriegen werden. Eine starke ökologische, grüne Bewegung erhob sich in den vergangenen 30 Jahren mit dem Ziel, zu einer nachhaltig tragfähigen Produktions- und Lebensweise zu finden. Tausende nationale Umweltgesetze und internationale Umweltabkommen konnte sie erreichen und vieles mehr – und dennoch wird der ökologische Fußabdruck der Menschheit bis heute immer größer.

Wir haben sowohl unser wissenschaftliches, technischinnovatives und ökonomisches (blaues) als auch unser soziales (rotes) und unser ökologisches (grünes) Instrumentarium im

Vergleich zu unseren Vorfahren um Quantensprünge verbessern können. Und dennoch laufen die sozialen und ökologischen Probleme, global gesehen, immer weiter aus dem Ruder. Selbst in den Regionen mit großem materiellem Wohlstand lässt sich seit 40 Jahren keine Steigerung des Glücksempfindens verzeichnen, wie eine rasch wachsende Zahl von Studien der Glücksforschung ergab. Die Koppelung von ökonomischem Fortschritt und Glücksempfinden ist schon seit Langem außer Kraft gesetzt, auch wenn die Werbewirtschaft uns nach wie vor genau diese Verknüpfung verkaufen möchte.

Irgendetwas sehr Grundlegendes stimmt nicht an der Art, wie wir diese Instrumentarien weiterentwickelt haben. Irgendetwas Grundlegendes muss sich daran ändern. Mit dem Bild des balancierten und sich wechselseitig unterstützenden Zusammenwirkens von blauem, rotem und grünem Licht meinten wir, die Versinnbildlichung des Lösungsansatzes gefunden zu haben. Diesen gedanklich weiter zu durchdringen, anschaulich und inspirierend in die öffentliche Kommunikation zu tragen und beispielgebend in vielen Projekten und Initiativen umzusetzen, ist Ziel des neuen Think-Tanks Club of Marrakesh, der nach seinem Selbstverständnis genau genommen ein Think-and-Incubating-Tank ist, also gute Lösungen nicht nur vordenken, sondern auch selbst vormachen will, und zwar in Form von Social Innovation und Social Impact Business. Nachdem die Menschheit ihre Hoffnungen nacheinander zunächst auf blau, dann auf rot und dann auf grün richtete, um dann die Defizite des jeweils wahrgenommenen Bereichs herauszufinden, wählte der Club of Marrakesh als Motto: »Weiß ist das neue Grün.«

Abschließend sei das angesprochene Farbenspiel noch ein kleines Stück weitergetrieben, um für alle weiteren Ausführungen ein paar grundlegende analytische Werkzeuge zur Hand zu geben.

Was fehlt bei Blau an Rot und Grün, um Weiß zu werden? Die Wirtschaft sieht es nicht hinreichend als eine ihrer zentralen Aufgaben an, sich ökologische und soziale Ziele zu eigen zu machen und diese von der Innovations- über die Produktentwicklung bis zu Finanzierungsmodellen und Marktstrategien ökonomisch erfolgreich zu betreiben. Die Erkenntnisse beispielsweise von Gerhard Knies, dem Initiator des Desertec-Programms, nach dem »die Rettung der Welt das Schlüsselthema für die Wirtschaft der Zukunft und die Zukunft der Wirtschaft ist«, oder von C. K. Prahalad, nach dem »das schlichte Überleben von Unternehmen immer mehr davon abhängt, wie gut und innovativ sie die sozialen und ökologischen Probleme der Welt lösen«, sind noch lange nicht Allgemeingut. Dies gilt erst recht für die Beobachtung von Muhammad Yunus: »Wir erleben gerade mit Soical Business ein weltweites soziales Wirtschaftswunder. Der Zug ist auf dem Gleis. Niemand kann ihn mehr stoppen.« Die Wirtschaft sieht es ebenfalls (noch) nicht als ihre Aufgabe, ihrerseits aktive Lobbyarbeit bei den politischen Entscheidungsinstanzen zu betreiben, damit diese die geeigneten Rahmenbedingungen schaffen, um die Wirtschaft bei der offensiven Bewerkstelligung aller als notwendig erkannten sozialen und ökologischen Herausforderungen zu unterstützen.

Was fehlt bei Grün an Blau und Rot, um Weiß zu werden? Die ökologische Bewegung, die in den westlichen Industriestaaten in Reaktion auf die dortigen ökologischen Fehlentwicklungen bei den bisherigen Industrialisierungsschüben entstand, vernachlässigt bis heute das intelligente Mitdenken der sozialen Dimension, insbesondere auf der globalen Ebene. Sie verfällt angesichts der fraglos dramatischen ökologischen Herausforderungen immer wieder in eine einseitig ökologische Anwaltschaft und vergibt damit die Chance, beispielsweise bei der Klimafrage Länder wie China, Indien, Brasilien und letztlich die gesamte Entwicklungswelt mit ins Boot zu holen, weil diese Länder sich in ihrem Anspruch, ökonomisch und sozial aufzuholen, nicht verstanden und respektiert fühlen. Die ökologische Szene verweigert sich der Anforderung, selbst offensiv und konstruktiv die Lösung der offensichtlich ebenso dramatischen sozialen Herausforderungen auf diesem Planeten mitzuentwickeln und mitzubetreiben. Bei der Berücksichtigung ökonomischer Aspekte beim Design von ökologisch wichtigen Gestaltungsfragen hat ein Teil der ökologischen Bewegung in den letzten 15 Jahren zwar bedeutsame Fortschritte gemacht, aber zur Gewinnung und Gestaltung der Ökonomie als kraftvollste Triebkraft für eine ökologisch und sozial nachhaltige wirtschaftliche Entwicklung fehlt es noch immer an der notwendigen konsequenten Ambitioniertheit. Das Beispiel von Grameen Shakti beleuchtet das doppelte Defizit der ökologischen Szene: Sie hat die Steilvorlage von Grameen Shakti zur flächendeckenden Implementierung von ökonomisch tragfähigen ökologischen Konzepten in Entwicklungsländern in Form von Solar Home Systems bis heute nicht annähernd angemessen zur Kenntnis genommen. Auch hat die ökologische Szene bis heute nicht verstanden, dass die Lösung eines fundamentalen sozialen Problems sich dank der Solar Home Systems als der weltweit beste Treibstoff für die globale Ökowende erweist: Der Zugang zu verlässlicher und bezahlbarer Energie war ab Mitte des 19. Jahrhunderts der erfolgreichste Antrieb für die soziale Entwicklung in den damals aufstrebenden Industrieländern. Dasselbe gilt heute in noch größerem Maße für die Armutsregionen der Welt, nur mit dem Unterschied, dass dieser Treibstoff nicht mehr aus schmutziger, sondern aus sauberer Energie gespeist wird.

Was fehlt bei Rot an Blau und Grün, um Weiß zu werden? Das gesamte Kaleidoskop der unterschiedlichen staatlichen, kirchlichen und bürgerschaftlichen Einrichtungen, die sich für soziale Anliegen in den Industrieländern, in den Entwicklungsländern, in der Wirtschaft und im Design der politischen Rahmenordnungen bemühen, geht noch immer von dem Paradigma der vermeintlich unvermeidlichen Trennung des Sozialen vom Ökonomischen aus. Der Staat wird weiterhin als Ordnungsmacht für soziale Anliegen angerufen. Er soll genügend Steuern für soziale Belange erheben und ausgeben, also einen möglichst weitreichenden Sozialstaat aufbauen. Er soll darüber hinaus die nationalen Gesetze so setzen, dass die staatlichen Einrichtungen die Macht haben, im eigenen Land die gewünschten sozialen Standards von der Wirtschaft einzufordern. Und in der Beziehung zu den Entwicklungsländern soll der Staat zumindest die notwendigsten Standards durch entsprechende internationale Vereinbarungen sicherstellen. Was die Staaten auf dieser sozialen Anforderungsliste nicht erfüllen, sollen zivilgesellschaftliche Organisationen anpacken und möglichst weitgehend kompensieren. Die Wirtschaft wird noch immer – in direkter öffentlicher Konfrontation oder indirekt über den Staat – in erster Linie als Projektionswand für soziale Forderungen gesehen. Nur vorsichtig wagt man Experimente gemeinsamen Lernens und Agierens auf der Ebene sozialer Projekte. Es fehlt noch viel bis zu einer offensiven Einladung an die Wirtschaft zu einer gemeinsamen Kultur von Social Impact Business Joint Ventures oder dazu, dass Nichtregierungsorganisationen zu wirtschaftlich offensiven Akteuren im Sinne von Social Imapct Business werden. In Bezug auf die Berücksichtigung von ökologischen Anliegen ist die soziale Szene eher weiter als die ökologische Szene bei der Berücksichtigung von sozialen Anliegen. Aufgrund der eigenen Defizite in der Integration von ökonomischem Denken erkannte die soziale Szene jedoch nicht die immensen Chancen, die in der Integration von sozialen und ökologischen Anliegen bei gleichzeitigem ökonomischem Denken liegen, wie es das Beispiel von Grameen Shakti mit der Installation von Solar Home Systems vormachte.

Das Fazit: Die aus historischer Perspektive verständliche Entwicklung von wechselseitigen Feindbildern zwischen Wirtschaft und sozialer sowie ökologischer Szene ist das Hauptproblem, das wir dringend überwinden müssen. Nur so können die sozialen, ökologischen und sehr wohl auch die ökonomischen Herausforderungen bewältigt werden. Wir agieren oft noch so, als würde das bekannte Gebot der Bibel lauten: Liebet eure Feindbilder. Es heißt aber: Liebet eure Feinde. Liebe ist der Schlüsselbegriff allen Lebens. Liebe adressiert das fundamentale Faktum, dass Leben nur dort funktioniert, wo eine Fülle von grundlegenden Organen und Funktionen in wechselseitigem Dienen zusammenspielt. Das Liebesgebot adressiert das fundamentale Erfordernis, diesem Faktum hinlänglich Rechnung zu tragen.

Was ist heute in diesem Sinne hinlänglich? Die Menschheit ist gegenwärtig so stark miteinander vernetzt und steht in solch wechselseitiger Abhängigkeit voneinander, dass ihre fortgesetzte Teilung in Freunde und Feinde letztlich einem kollektiven Selbstmord gleichkommt. Keine Nation kann länger ungestraft auf Kosten anderer Nationen ihrem Egoismus frönen. Die Bumerangeffekte folgen der asozialen Tat im Zeitalter der Globalisierung inzwischen immer schneller und immer heftiger. Dasselbe gilt für jedes umweltfeindliche Handeln. Und es gilt auch für jedes einseitig an Wirtschaftswachstum orientierte Innovationstreiben.

Der Paradigmenwechsel zu einem ganzheitlichen, innig verknüpften Denken und Handeln, das gut zwischen Blau, Rot und Grün, zwischen Wirtschaft, Sozialem und Ökologischem ausbalanciert ist, hat schon längst nichts mehr mit Esoterik, Blauäugigkeit oder frommem Wunschdenken zu tun, sondern ist zur conditio sine qua non, zur Grundvoraussetzung unseres

Lebens und Überlebens avanciert. Social Innovation bildet für diesen Paradigmenwechsel das verbindende und zugleich das treibende Element. Erst mit Social Innovation entwickeln sich die Sektoren Blau, Rot und Grün zu einem intakten Gesamtorganismus und zu einer neuen Qualität im Sinne von »Weiß ist das neue Grün« – oder besser noch von »Weiß ist das neue Blau, das neue Rot und das neue Grün«.

## Die große neue Entwicklungsperspektive

Es ist also Zeit für eine Revolution, genauer gesagt für die tiefgreifendste und nachhaltigste Variante von Revolution: Es ist Zeit für einen evolutionären Sprung und damit einen Paradigmenwechsel. Ein evolutionärer Sprung bedeutet nach dem Physiker Erich Jantsch »eine außerordentliche Beschleunigung der Evolution«. Die Natur kennt solche Evolutionssprünge, beispielsweise den Übergang von der unbelebten zur belebten Welt oder die Herausbildung des Gehirns. Die Zivilisationsentwicklung kennt sie ebenfalls, beispielsweise den Evolutionssprung durch die Nutzung von Werkzeugen oder die Erfindung des Buchdrucks oder den Einstieg in das Industriezeitalter. Die jüngste intensive Beschleunigung zivilisatorischer Evolution ist durch den Sprung in das digitale Zeitalter markiert. Doch es steht bereits der nächste evolutionäre Sprung in der menschlichen Evolution an, ein Sprung, der alles bisher Gekannte erneut radikal revolutioniert und das Aufblühen einer neuen Welt, einer neuen Dimension der Weltgestaltung eröffnet.

Die Anzeichen verdichten sich für einen Sprung in ein sozialinnovatives Zeitalter, in ein Zeitalter, in dem nicht mehr so sehr technische Innovationen die treibende Kraft darstellen, die die Ursache praktisch aller Evolutionssprünge der vergangenen Jahrhunderte ausmachten, sondern Social Innovation, gesellschaftliche Innovationen.

An dieser Stelle ist eine Begriffsklärung notwendig. In einer Welt, in der der englischen Sprache längst die Funktion einer globalen Verkehrssprache zukommt, muss es für jedes Phänomen, das von globaler Bedeutung ist, einen englischen Begriff geben. Ergänzend macht es aber ebensoviel Sinn, für denselben Sachverhalt in der jeweiligen Muttersprache einen Begriff zu finden, ansonsten würden sich alle Sprachen über die Zeitachse hinweg systematisch anglisieren.

Der Begriff »Social Innovation« trifft das, was an dieser Stelle zum Ausdruck gebracht werden soll, sehr gut: die erhebliche Steigerung der kreativen und systematischen Fähigkeit zur Entwicklung von Ideen und Umsetzungskonzepten für Aufgabenstellungen, die der Verbesserung des menschlichen Lebens dienen. Bis hierher geht es also um Innovationskraft, um »Innovation«. Im Besonderen geht es hier jedoch nicht um alle Arten von Innovationen, insbesondere nicht um technische Innovationen, sondern um solche, für die der englische Begriff »Social« in seiner weiten Bedeutung von ›gesellschaftlich‹ trefflich ist. Es keimt und treibt weltweit bereits sehr heftig in diese Richtung eines neuen, eines sozialinnovativen Paradigmas, wie die in diesem Buch beschriebenen Beispiele für Social Innovation belegen. Aber noch könnte man – so wie bei den ersten Anzeichen für eine digitale Wende vor gerade einmal einer Generation – darüber streiten, ob dies schnell wieder vergessene Spielereien menschlicher Schöpfungsversuche sind oder tatsächliche Vorboten einer Weltrevolution. Ein Innehalten und Nachdenken lohnt in jedem Fall, denn sollte es sich um Letzteres handeln, also um einen revolutionären zivilisatorischen Evolutionssprung, entscheiden jene, die als erstes darauf aufmerksam werden, in den nächsten Monaten und Jahren über dessen Leitideen, über dessen Werte und Prinzipien, über dessen Gestaltungen und über ihre und unsere Rolle bei der Mitgestaltung dieser gesellschaftsinnovativen Wendezeit.

Dieses Buch vertritt eine klare Position: Das Verstehen und die Anwendung des sozialinnovativen Paradigmas wird die weitere Entwicklung der Menschheit mehr verändern als alle technische Innovationen der Vergangenheit. Und es bietet die bisher größte historische Chance für die Menschheit, ihre weitere Entwicklung in Harmonie mit den übergeordneten Systemen, insbesondere den Ökosystemen und den Sozialsystemen bis zu deren größter Einheit, der Menschheit in ihrer Gesamtheit, zu gestalten.

## Ungläubige bei Social Innovations

Innovationen sind in unseren Köpfen assoziativ auf das Engste mit den Bereichen Technik und Wirtschaft verknüpft, aber überhaupt (noch) nicht mit dem sozialen, dem gesellschaftlichen Bereich. Wenn jemand eine weitere abenteuerlich klingende technische Innovation ankündigt, reagieren wir längst entsprechend dem lässig-visionären Toyota-Werbespruch: »Nichts ist unmöglich.« Das war vor 500 Jahren noch völlig anders, damals war der Preis für technische Innovationsentwicklungen eher der Scheiterhaufen denn die Patent-Urkunde oder eine zeitgemäße Entsprechung zum Nobelpreis. Doch dann brach sich die technische Revolution mit mehreren Evolutionssprüngen Bahn und löste eine nie dagewesene Wirtschaftsrevolution aus. Spätestens seit der digitalen Revolution mit Microsoft, Google und Facebook halten wir im technischen Bereich nahezu jedes Wunder für möglich.

Ganz anders liegen die Dinge in der Welt des Sozialen, des Gesellschaftspolitischen und des Ökosystemischen. Greifen wir die Welt des Sozialen heraus. Hier rasten wir noch immer viel zu schnell bei den alten Reflexen ein: Betreuen, Versorgen, Almosen geben. Wenn wir stattdessen lernen würden, Arme nicht länger als Almosenabhängige, sondern als potenzielle Unternehmer zu sehen, »Bildungsferne« als potenziell Bildungshöchstmotivierte, soziale Problemgruppen als Ressource für die potenziell erfolgreichsten Sozialarbeiter, Krankheit als Chance für lebensverändernde »Learnings«, Behinderungen als Chance für die Entwicklung von Spezialfähigkeiten, unterentwickelte Regionen als potenziell größte Märkte der Zukunft und generell Probleme als »den besten Rohstoff für Innovationen« (Muhammad Yunus) – dann würde die Welt sehr schnell grundlegend anders aussehen.

Der soziale Sektor – erst recht, wenn seine Definition weit genug gefasst ist – ist keineswegs zwangsläufig der innovationsärmste Sektor. Er ist potenziell sogar der innovationsstärkste, weil er bestimmt, wie viel und welche Innovationskraft jeder Mensch entwickelt. Warum? Zum sozialen Sektor, so wie wir den Begriff hier verwenden, zählt an oberster Stelle die Bildung in all jenen gesellschaftlichen Bereichen, in denen jeder Mensch seine zentralen Kompetenzen entwickelt bzw. nicht oder zu wenig entwickelt. Je besser, je innovativer dieser Sektor seine soziale, seine gesellschaftliche Wissens- und Kompetenzbildungsleistung erbringt, desto mehr Menschen sind in der Lage, die Welt aktiver, offensiver und verantwortungsbewusster mitzuentwickeln. Innovationssprünge im sozialen und hier insbesondere im Bildungssektor multiplizieren die menschliche Innovationskraft in allen anderen Sektoren. Je mehr Menschen Wissen erlangen und ein breites Feld an Kompetenzen entwickeln, mit dem sie dieses Wissen kreativ und innovativ weiterentwickeln und selbstständig sowie in guter Teamkompetenz umsetzen können, desto mehr Innovations- und Gestaltungskraft entwickelt sich in allen denkbaren und noch nicht denkbaren Variationen. Und je mehr die Menschen lernen, sich bei der Entfaltung dieser Kräfte am Wohl der Menschheit und generell an ihrer systemischen Verantwortung zu orientieren, desto befriedigender und sinnstiftender wird die Entfaltung ihrer Innovationskraft für sie selbst und ihre Persönlichkeit sein. Die Entfaltung von »Social Innovation« wird also gleichzeitig die Fähigkeit der Menschen zur Entwicklung weiterer technischer Innovationen vertiefen und verbreiten und diese Innovationsentwicklungen noch viel intelligenter umwelt- und gesellschaftsverantwortlicher werden lassen.

Lange konnten wir uns den Luxus leisten, den zentralen gesellschaftlichen Sektor – den Bildungsbereich – in erster Linie als Wissensvermittlungsinstanz anstatt als Kompetenzbildungsbereich beziehungsweise als Potenzialbildungsbereich zu sehen und zu organisieren. Das Gleiche gilt für den klassischen sozialen Sektor, den wir noch immer hauptsächlich als Betreuungs-, Versorgungs- und Transferleistungsbereich wahrnehmen. Spätestens der Mix aus demografischem Wandel mit einem immer geringeren Anteil an »Einzahlenden« in den großen sozialen Topf auf der einen und immer mehr Leistungsempfängern auf der anderen Seite (der Wohlfahrtsbereich ist inzwischen der größte »Wirtschaftsfaktor« in unserem Land) führt das Soziale, so wie wir es bisher verstanden haben, zwangsläufig in die Krise der Unbezahlbarkeit. Ein Nachdenken über den sozialen Sektor ist inzwischen unausweichlich notwendig geworden. Wenn dies jedoch nicht in eine defensive und depressive Schrumpfungsdebatte münden soll, ist eine offensive und breite Belebung der Diskussion und Förderung von Social Innovation der weitaus bessere Weg, weil er im wörtlichen Sinne systematisch ist und aus der Not eine grundlegend neue Lebensqualität erwachsen lässt.

## Die Kraft von Social Innovations

Das Phänomen von Social Innovations ist nicht so neu, wie man nach den bisherigen Ausführungen vermuten könnte. Winfried Kretschmer listete in einem Dossier zur »Sozialen Innovation« mehr als 50 Beispiele auf, ohne Anspruch auf Vollständigkeit und keineswegs nur Innovationen jüngeren Datums. Auch kann man nicht behaupten, die bisherigen Social Innovations seien nicht gebührend gewürdigt worden in ihrer Bedeutung für die Entwicklung unserer Gesellschaften. Dennoch beginnt das Zeitalter des sozialinnovativen Paradigmas, das Zeitalter von dessen Dominanz für die gesamte menschheitliche Entwicklung, erst jetzt. Auch das Zeitalter der technischen Innovationen begann nicht schon während der ägyptischen, chinesischen, römischen oder arabischen Hochkulturen, obwohl es damals bereits nicht wenige bedeutsame technische Innovationen gab. Vom Zeitalter der technischen Innovationen sprach man erst, als es zu einem nicht mehr enden wollenden Feuerwerk derartiger Neuerungen kam. So wird es ab jetzt mit Social Innovations sein.

Um uns den gewaltigen Einfluss der noch vor uns stehenden Welle von Social Innovations vorstellen zu können, ist ein Blick auf die nachfolgend aufgeführten historischen Beispiele sehr hilfreich. Social Innovations haben unser Leben und den Fortschritt in Wissenschaft, Technik, Wirtschaft, Bildung und so weiter schon bisher grundlegend verändert, so beispielsweise:

*Aktiengesellschaft* (14. Jh.)
*Alphabet* (1500 v. Chr. entstanden)
*Börse* (14./15. Jh.)

*Bürger- und Menschenrechte:* Bürgerrechte erstmals 1215 in der
Magna Charta festgehalten.

*Bürgerinitiative* (erstmals 1947)

*Doppelte Buchführung* (15. Jh.)

*Emanzipation der Frauen:* erste Emanzipationsversuche im
12. Jh., erste Frauenbewegung Anfang 20. Jh., allgemeine
gesellschaftliche Bewegung ab 1940.

*Franchisesystem* (1863)

*Genossenschaft* (18. Jh.)

*Grundeinkommen:* in ersten Varianten seit einigen Jahren
in einzelnen Ländern wie Brasilien umgesetzt, löste in
wenigen Jahren weltweite Diskussionen über ein zukunfts-
fähiges Verhältnis von Arbeit und Einkommen aus.

*Internationaler Strafgerichtshof* (2002 eingerichtet)

*Internet:* ursprünglich eine technische Innovation, gewann
aber dann vor allem als soziale Innovation große
Bedeutung.

*Kindergarten* (18. Jh.)

*Mikrokredit:* Ursprung in der Genossenschaftsbewegung
Mitte des 19. Jhs., ab 1983 mit Gründung der Grameen
Bank weltweiter Durchbruch in der Armutsbekämpfung.

*Nachhaltigkeit:* Konzept Mitte der 1970er-Jahre entwickelt.

*Ökologische Steuerreform* (Anfang 1980er-Jahre)

*Personalausweis* (nach dem Zweiten Weltkrieg)

*Social Business* (2007)

*Social Media* (2004)

*Sozialversicherung* (1883)

*Umweltbewegung:* Die erste entstand Ende des 19. Jhs.

*Urlaub:* erstmals Anfang 20. Jhs. als Recht verbrieft.

*Versandhandel* (19. Jh.)

*Völkerbund:* nach dem Ersten Weltkrieg eingerichtet, nach
dem Zweiten Weltkrieg durch die Vereinten Nationen
fortgeführt.

*Wahlrecht:* allgemeines Wahlrecht hat sich erst ab 1918
  durchgesetzt.
*Warenhaus* (19. Jh.)
*Weltausstellung* (1851)
*Wikipedia* (2001).

Social Innovations jüngeren Datums, die noch nicht allen
bekannt und in ihrer Bedeutung bewusst sind, sind beispielsweise (die meisten Definitionen stammen von Winfried
Kretschmer):

> *Co-Creation* – eine neue Form der Wertschöpfung, in der
  ein Wert nicht im Unternehmen geschaffen wird, sondern
  gemeinsam von einem Unternehmen und dem Verbraucher (Begriff von C. K. Prahalad 2005 geprägt).

> *Collaboration* oder *Co-Laboration* – die freie Zusammenstel-
  lung von Teams aus Menschen, die irgendwo in der Welt
  leben und sich zur gemeinsamen Bewältigung eines zeit-
  lich befristeten Projekts oder zum Start eines Unterneh-
  mens vereinbaren, aber sich anschließend wieder neue Projekte und Co-Laboration-Teams suchen. Co-Laboration
  bringt den Trend mit sich, dass die derart zusammenarbei-
  tenden Personen in der Regel alles eigenständige Kleinst-
  unternehmer sind.

> *Crowdsourcing* – die Auslagerung von üblicherweise von
  Erwerbstätigen erbrachten Leistungen auf die Intelligenz
  und Arbeitskraft einer Masse von unbekannten Akteuren
  im Internet (Begriff von Jeff Howe und Mark Robinson
  2006 geprägt).

> *Enterprise 2.0* – der Einsatz von Social Media zur Kom-
  munikation, zur Projektkoordination und zum Wissens-
  management in Unternehmen (Begriff von Andrew McAfee
  2006 geprägt).

> *Open Innovation* – die Öffnung des Innovationsprozesses
> von Unternehmen mit dem Ziel der aktiven und strategi-
> schen Nutzung der Außenwelt zur Vergrößerung des eige-
> nen Innovationspotenzials (Begriff von Henry Chesbrough
> 2003 geprägt).
> *Open Source* – die Bereitstellung von Wissen und Innovatio-
> nen zur freien Nutzung durch alle, ohne Gebühr und ohne
> sonstige Bindung von Rechten (ging aus der Almende-
> Bewegung hervor, die den Begriff der Gemeingüter deutlich
> weiter fasst als die traditionelle Wirtschaftswissenschaft).
> *Strategischer Konsum* – der bewusste Konsum von Produk-
> ten und Dienstleistungen entsprechend bestimmter Werte
> wie ökologische und soziale Nachhaltigkeit auf der Grund-
> lage einer aktiven Information über die Herstellung, Her-
> kunft, Wirkungen und Nebenwirkungen dieser Produkte
> und Dienstleistungen (als soziale Bewegung entstanden in
> den 1990er-Jahren).

## Der Beginn der permanenten bürgerlichen Revolutionen

Sieht man sich oben stehende Liste der Social Innovations an,
so fällt eines auf: Sie verlagern, zumindest ihrer Anlage nach,
Handlungsmacht von den Mächtigen in Richtung der Bürger.
Natürlich hängt es dann immer noch von den bürgerschaftlichen Akteuren ab, inwieweit sie von ihren neuen, zusätzli-
chen Handlungsmöglichkeiten auch Gebrauch machen, oder
ob nur wenige Bürger diese Chancen für sich wahrnehmen
und die breite Masse weiter eher in einem passiven Lebens-
modus verbleibt.

Social Innovations sind nach der Definition von Winfried
Kretschmer »bewusste Akte der Veränderung. Sie sind die

Hebel, die Einzelne an der – abstrakten – Gesellschaft ansetzen können.« Treffender kann man den sozialrevolutionären Charakter von Social Innovations nicht auf den Punkt bringen.

»Gesellschaft« und deren Gestaltung sind Dimensionen, die für den Einzelnen in der Tat als zu groß, zu fern, zu abstrakt erscheinen, als dass er dort ernsthafte Mitwirkungsmöglichkeiten für sich sähe. Es sind dies Größen, die wir bisher beim Staat und dessen Führungspersonen angesiedelt sahen. Unser Bezug zu diesen die Gesellschaft gestaltenden Persönlichkeiten beschränkte sich im Wesentlichen darauf, uns alle paar Jahre an der Wahl von deren Steuerungselite zu beteiligen. Durch Social Innovations können wir nun selbst »bewusste Akte der Veränderung« generieren und diese als »Hebel an der Gesellschaft ansetzen«. Dies geschieht auf zwei Ebenen: zum einen als Nutzer von Social Innovations und zum zweiten als deren Entwickler beziehungsweise Mitentwickler.

Als Nutzer der Social Innovation Twitter und anderer Social Media haben wir die Möglichkeit, in kürzester Zeit Millionen Menschen, die vorher nahezu völlig unorganisiert waren, zu einer machtvollen sozialen Bewegung zusammenzuführen und gemeinsam einen Dauerdiktator wie Hosni Mubarak hinwegzufegen. Wir können uns darauf verständigen, dass wir konsequent auf Gewalt verzichten und wenn staatliche Ordnungsmächte plötzlich den Part der Unruhestifter übernehmen, können wir uns organisieren, um selbst die Rolle der Ordnungshüter zu übernehmen. Nichts anderes haben die Menschen bei der Ägyptischen Revolution getan.

Als Nutzer jener Informationsmöglichkeiten, die von Anhängern eines strategischen Konsums permanent in den Medien und immer mehr in Social Media bereitgestellt werden, können wir einen ständig wachsenden Einfluss nehmen auf den Aufstieg und Fall von Produkten und Dienstleistungen.

Weltkonzerne fühlen sich durch diese Social Innovation der Informationsverbreitung gezwungen, ihre eigenen Produktinformationen auf nachweisliche Glaubwürdigkeit umzustellen und ihre Produkte an den gewünschten ökologischen und sozialen Zielen auszurichten. Durch die Erfindung der Social Innovation Co-Creation können Verbraucher, Kunden und Nutzer noch einen Schritt weitergehen und neue Produkte gemeinsam mit bestehenden Unternehmen entwickeln. Auch diese Social Innovation überzeugt so schnell immer mehr Menschen, dass immer mehr Unternehmen ihre nächste Generation von Produkten und Dienstleistungen in Co-Creation mit ihren Kunden entwickeln.

Als Nutzer von Wikipedia sind wir von Anfang an eingeladen, gleichzeitig auch auf der Seite der Fortentwickler dieses interaktiven Lexikons mitzuwirken. Noch nie waren Lexika – immerhin eines der fundamentalen Instrumente unser Wissenswelt und Weiterbildung – so demokratisch, so diskussionsoffen, so dynamisch, so umfassend und so partizipativ wie seit der Social Innovation Wikipedia.

Diese Liste lässt sich noch lange fortsetzen. Schon als Nutzer von Social Innovations sind wir viel näher an einer permanenten Bürgerrevolution, die in vielen Bereichen gleichzeitig voranschreitet. Noch viel spannender wird es, wenn wir erkennen, wie leicht wir auch bei der Entwicklung von Social Innovations eine aktive Rolle spielen können. Wie schon erwähnt: Während für die Entwicklung von technischen Innovationen in der Regel ein hohes Maß an Fachwissen die Voraussetzung ist, ist die wichtigste Voraussetzung für die Entwicklung von Social Innovations ein gesunder Menschenverstand.

Im nächsten Kapitel wenden wir uns insbesondere dieser Dimension zu: Wie kann jeder zum Innovator oder Co-Innovator in dieser neuen Innovationswelt werden? Wo kann jeder das dafür erforderliche Denken und Umsetzen konkret

lernen? Welche Infrastruktur – vom Coaching bei der eigenen Ideenentwicklung bis zur Finanzierung – steht für diesen
Weg schon bereit und welche entwickelt sich gerade? Welche
Perspektiven gibt es in diesem Feld im Angestelltenverhält-
nis in Unternehmen und sonstigen Organisationen, welche
für Gründer? Und wie kann jeder Einzelne in noch kleineren
Schritten und Zusammenhängen damit beginnen, sich in der
Idee von Social Innovations zu üben, beispielsweise in Form
von ehrenamtlichem Engagement?

## 3 Wie werde ich zum Social Innovator? Tipps für den Einstieg

### Einfache Fragen führen zu einfachen Lösungen

Den konkreten Tipps zu den am Ende des vorherigen Kapitels aufgeworfenen Fragen seien hier zunächst noch einige weitere Beispiele von Social Innovations vorangestellt, die vor allem illustrieren sollen, dass die Entwicklung von gesellschaftlich ausgesprochen wertvollen Social Innovations nicht besonders schwierig ist. Um selbst Schöpfer von Social Innovations zu werden, müssen wir lediglich den Schalter in unseren Köpfen umlegen von »komplexen Lösungen« auf »verblüffend einfache Lösungen« oder genauer: auf sehr einfache Fragen, denn wenn wir lernen, sehr einfache Fragen zu stellen, tauchen plötzlich auch die sehr einfachen Antworten in unserem Bewusstsein auf.

### Die »Eltern AG«

Welche Personengruppe ist am besten geeignet, um Eltern in sozial prekären Verhältnissen dabei zu helfen, ihre Kinder besser zu erziehen und besser zum schulischen Erfolg zu begleiten? Die Antwort ist ganz einfach. Es sind »Sozialarbeiter« aus derselben Schicht.

Der Magdeburger Professor für pädagogische Psychologie Meinrad Armbruster entwickelte mit seinem Team einen neuen Ansatz neben der klassischen Ausbildung von Sozialarbeitern. Sozialarbeiter kommen in aller Regel aus der Mittelschicht und nicht aus jenen sozialen Verhältnissen, aus denen ihre Klienten kommen. Der Nachteil daran ist, dass sich die Klienten häufig gegenüber den sie betreuenden Sozialarbeitern unterlegen fühlen, es bleibt eine Distanz und eine reduzierte Authentizität und damit eine reduzierte Wirkung der Maßnahmen. Meinrad Armbruster fand eine Lösung, indem er die »Eltern AG« gründete.

Die Eltern AG bietet in Wohngegenden, in denen überwiegend so genannte »bildungsferne Schichten« leben und Familien, die auch sonst überdurchschnittliche Probleme mit der Erziehung ihrer Kinder haben, eine Mentorenausbildung an. Ausgewählt für diese Ausbildung werden Mütter und Väter aus genau diesen Verhältnissen. Sie werden darin geschult, wie sie als Eltern trotz eigener Bildungsdefizite erfolgreich dazu beitragen können, dass ihre Kinder in der Schule den Anschluss nicht verlieren, sondern die Schulausbildung meistern. Sie lernen, wie sie trotz autoritärer oder vernachlässigender Erziehung in der eigenen Kindheit Erziehungsprobleme mit ihren Kindern durch neues Denken und neue Problemlösungsstrategien meistern können. Und vor allem lernen sie, wie sie dieses Wissen in Erfahrungsgemeinschaften mit Eltern in ihrer unmittelbaren Umgebung weitergeben können. Ihr Vorteil: Sie werden von den anderen Eltern leichter und besser akzeptiert, weil sie ihresgleichen sind.

Wenn sie von ihren eigenen Erfahrungen mit dem neuen Wissen und Wirken berichten, wirkt dies authentischer und damit deutlich nachhaltiger. Damit die traditionellen Sozialarbeiter nun nicht plötzlich scharenweise arbeitslos werden, bildet die Eltern AG inzwischen Sozialarbeiter in der ganzen Bundesrepublik darin aus, wie diese ihrerseits nach dem Train-the-Trainer-Pinzip Betroffenen-Mentoren in den Problemgebieten ihrer Kommunen ausbilden können. Die Mentoren erhalten für ihre sozialen Leistungen in der Kommune eine gewisse Entlohnung, was ihr Einkommen verbessert. Sie sind stolz auf ihre Aufgabe, die sie sich zuvor nicht zugetraut hätten. Ihr Selbstwertgefühl steigt und ebenso jenes der Familien, die sich durch den hier beschriebenen Weg besser verstanden und ernster genommen fühlen und tatsächlich mehr und nachhaltiger lernen als zuvor. Die Kommunen profitieren in mehrfacher Weise durch die Reduzierung von sonst sehr teuren Problemfeldern und sind deshalb auch bereit, die Kosten für die Kurse der Eltern AG zu übernehmen. Die Eltern AG funktioniert somit als selbsttragendes Social Business.

## Das Chancenwerk

Welche Personengruppe ist am besten geeignet, um Kinder mit Migrationshintergrund zu ermutigen, in der Schule nicht aufzugeben und ihnen jene Art von Nachhilfe zu geben, die ihnen wirkungsvoll hilft bei den schulischen Herausforderungen? Die Antwort: Menschen mit Migrationshintergrund, die dieselbe Situation aus ihrer eigenen Schulzeit nur zu genau kennen und die diese Situation am Ende gut gemeistert haben.

Murat Vural, ein Kind türkischer Eltern, der die meiste Zeit seiner Kindheit in Deutschland verbrachte, hat es nach einer regelrechten schulischen Achterbahnfahrt schließlich an die Universität geschafft und diese mit einem Diplom abgeschlossen. Er fühlte sich verpflichtet, aufgrund seines Erfolgs etwas an andere Kinder mit Migrationshintergrund, die noch mit ihrer Schulsituation zu kämpfen haben, zurückzugeben. Er gründete mit Gleichgesinnten einen Verein, der seit Kurzem den Namen »Chancenwerk« trägt.

Das Konzept: Frauen und Männer mit Migrationshintergrund, die ihr Studium erfolgreich abgeschlossen haben und erfolgreich in das Berufsleben eingetreten sind, werden akquiriert, damit diese einen Teil ihrer Freizeit in Nachhilfe für

Schüler mit Migrationshintergrund und mit Schulproblemen investieren. Dieser Ansatz entwickelte sich schnell zu bemerkenswertem Erfolg, denn niemand verstand diese Schüler und ihre Probleme besser als jene, die dieselbe Situation aus ihrer Schulzeit kannten.

Als Michel Aloui, ein erfolgreicher Unternehmer und heute Investor, der seine neue große Leidenschaft in der Begleitung von Social Entrepreneurs fand, Murat Vural kennenlernte, entschied er sich, diesem bei der weiteren Entwicklung seiner Social Innovation zu helfen. Gemeinsam führten sie das Konzept des Chancenwerks weiter.

Sie hatten die Idee, den bereits geschaffenen sozialen Wert des Chancenwerks durch eine »soziale Wertschöpfungskette« zu multiplizieren: Die erfolgreichen Hochschulabsolventen mit Migrationshintergrund geben nun Nachhilfe an Studenten – verbunden mit der Verpflichtung, dass diese Nachhilfe an Schüler im Vorfeld des Abiturs geben. Diese Schüler erhalten die Nachhilfe jedoch wiederum nur gegen die Verpflichtung, Schülern in der Real- oder Hauptschule Nachhilfe zu geben. Diese soziale Verpflichtung ist die Währung, in der jeder in der Kette dafür bezahlt, dass er Nachhilfe erhält. Dieses Nachhilfesystem ist hoch effektiv – es ist weitaus wirksamer als klassische Nachhilfeeinrichtungen, insbesondere bei Kindern mit Migrationshintergrund – und zudem extrem kostensparend.

Eine weitere Idee zur Weiterentwicklung des Chancenwerks hatte mit dem Social Entrepreneurship Projekt von Michel Aloui zu tun. Dieser rief 2010 das Social Lab in Köln ins Leben, in das er neben dem Chancenwerk viele weitere Bildungsinnovatoren einlud. Gemeinsam arbeiten diese nun an neuen kombinierten Angeboten für Kommunen und Unternehmen, bei denen sie mehrere sich ergänzende Bildungsinnovationen miteinander verflechten. Ziel ist es, auf diese Weise mittelfristig sich selbst finanzierende Angebote zu kreieren.

## Rock Your Life!

Welche Personengruppe ist am besten geeignet, um Hauptschülern, die sich selbst aufgegeben haben und nur noch eine Lebenskarriere als »Hartz IVler« vor sich sehen, als temporäre Begleiter zur Verfügung zu stehen, um sie aus diesem psychischen Loch wieder herauszuholen und ihnen zum erfolgreichen Hauptschulabschluss und Einstieg in das Berufsleben zu verhelfen? Die Antwort: Studierende, die in ihrem Studium das Management von Problemsituationen gelernt haben und die Herausforderung, ihre Erkenntnisse in derartigen Problemsituationen praktisch anzuwenden, als wichtigen Lernschritt in ihrem eigenen Leben erleben.

Studierende der Wirtschaftswissenschaften an der Universität Friedrichshafen ließen sich von ihrem Professor und Hochschulleiter Stephan Jansen dazu begeistern, ein solches Eins-zu-Eins-Coachingsystem zwischen je einem Studierenden und einem Hauptschüler aufzubauen. Es trägt den Namen »Rock Your Life« und wurde von Beginn an ungewöhnlich professionell organisiert. Die Hauptschüler, für die ein individueller Coach zur Verfügung steht, der sie beim Wiederanschluss an die Bildungs- und Arbeitswelt handfest und hartnäckig unterstützt, konnten ihr Glück zunächst gar nicht fassen. Ihre wichtigste Lebenserfahrung war bis dahin gewesen, dass es niemanden auf der Welt gibt, der sich für ihr Leben ernsthaft interessiert. Und jetzt dies – eine in der Tat prägende neue Lebenserfahrung.

Warum breitet sich »Rock Your Life« seit der Gründung im Jahr 2009 wie ein Lauffeuer in immer neuen Kommunen aus? Warum machen Studierende mit derart ernsthafter

Haltung und tiefer Begeisterung mit? Das liegt zu einem großen Teil daran, dass auch die Studierenden sehr viel gewinnen: eine prägende und sehr berührende eigene Lebenserfahrung durch das Coaching eines jungen Menschen in einer besonders schwierigen Lebenssituation, ein lebensnaher »Ausgleich« zu einem oft theoretischen Hochschulalltag und eine lebenspraktische Anwendung des erworbenen Managementwissens. Ein Student, der bei Rock Your Life von Beginn an mitmachte, meinte bei einer öffentlichen Veranstaltung in Berlin, dank dieses Engagements habe er das aus seiner heutigen Sicht wichtigste Studienfach belegt: emotionale Kompetenz. Er sei inzwischen überzeugt, diese Fähigkeit werde in der derzeit sich tiefgreifend wandelnden Wirtschaftswelt zum neuen entscheidenden Erfolgsfaktor. Er würde sich wünschen, dass eine derart praxisnahe Vermittlung von emotionaler Kompetenz zum neuen Pflichtfach für alle Studierenden würde.

## Das Demenz-Betreuungsheim des Martin Woodtli

Welche Personengruppe ist am besten geeignet, Pflegebedürftige, wie zum Beispiel Demenzkranke, mit höchster Sozialkompetenz zu betreuen? Noch dazu zu einem Preis, der deutlich günstiger ist als in durchschnittlichen europäischen Einrichtungen? Die Antwort: Menschen aus Kulturen, in denen die Betreuung alter Menschen als besonders wertvolle und sinnstiftende Arbeit angesehen wird.

Ein Großteil der Rund-um-die-Uhr-Betreuungsheime für Demenzkranke in Deutschland und Mitteleuropa genießt in Bezug auf die soziale Qualität der Betreuung keinen guten Ruf. Auf einer Notenskala von Note »1« bis »6« würden viele mit der Erreichung des minimalen Klassenziels, einer 4, ringen. Das Personal ist sicherlich, zumindest bei Berufseinstieg, zu einem Großteil sehr gut motiviert, wird aber von der Geschäftsleitung immer wieder auf Fließbandtaktung getrimmt, damit die Kosten der Pflege nicht ins Unbezahlbare steigen. Zeitraubende Zuwendung und interaktive Programme sind Kostenfaktoren, die zu monatlichen Betreuungskosten von 10.000 Euro und mehr führen. Selbst die Kosten von 4.000 Euro für den »Einfachtarif« sind für viele Familien kaum zu tragen. Hat Deutschland keine Chance auf eine bezahlbare menschenwürdige Altersbetreuung von intensiv Betreuungsbedürftigen?

Der Schweizer Martin Woodtli fand eine Alternative. Er eröffnete in Thailand ein Betreuungsheim, bei der die Ganztagesbetreuung von Demenzkranken nur die Hälfte des deutschen Einfachtarifs kostet: 2.000 Euro statt 4.000 Euro. Doch die dort Betreuten fühlen sich noch wohler als diejenigen, die im 10.000 Euro teuren deutschen Demenzbetreuungsheim betreut werden.

Es gibt einen einfachen Grund für diese hohe Zufriedenheit der in Thailand untergebrachten Demenzkranken: Bei seinen häufigen Reisen nach Thailand beobachtete Woodtli, wie achtsam die Menschen dieser Kultur mit Alten, Kranken und Gebrechlichen umgehen. Höchster Respekt und Wertschätzung und höchste Freundlichkeit und Achtsamkeit im Umgang mit diesen Menschen sind dort nicht das Ergebnis eines erfolgreich abgeschlossenen und zertifizierten Ausbildungsgangs in sozialer Betreuung und sozialer Kompetenz, sondern der Ausdruck einer Lebenshaltung, eines selbstverständlichen kulturellen Wertes. Für Thailänderinnen ist es eine Freude, sich um alte und kranke Menschen zu kümmern, und sie schaffen es dabei auch mühelos, die anfangs vorhandenen Sprachdefizite zu kompensieren.

Im Heim des Martin Woodtli leben nur Demenzkranke aus Deutschland und der Schweiz. Die zuständigen Behörden in den Herkunftsländern der Patienten verweigern ihm jedoch bis heute die Anerkennung als ordentliches Heim, sodass die Betroffenen oder ihre Familien die 2.000 Euro für Unterbringung und Pflege aus eigener Tasche bezahlen müssen, da die Pflegekassen nur die Kosten von anerkannten Pflegeheimen übernehmen. Deutschland hat Gesundheitsstandards für Pflegeheime definiert, die von den thailändischen Heimen nicht in Gänze erfüllt werden. Man nimmt behördlicherseits diese Gesundheitsstandards so ernst, dass man bereit ist, dafür in Deutschland auch ausgesprochen schlechte soziale Standards in der weit überwiegenden Anzahl von Pflegeheimen billigend in Kauf zu nehmen, was letztlich dazu führt, dass hohe soziale Standards zu einem Privileg der Reichen werden. Außerdem bemüht sich der deutsche Staat natürlich nicht zu überprüfen, welches Konzept unter dem Strich zur besten Gesundheit der Klienten beiträgt. Gesundheit ist kein Zustand, der sich durch Häkchen oder Zahlen in irgendwelchen Checklisten definieren lässt. Wenn Gesundheit lebensnäher definiert und geprüft würde, würde die thailändische Version der Demenzbetreuung vermutlich auch in Bezug auf die Gesundheit der Betreuten besser abschneiden als das deutsche System.

Warum kann man den Betroffenen und ihren Angehörigen nicht erlauben, selbst zu entscheiden, welche Standards ihnen wichtig sind? Warum muss man Durchschnittsfamilien in Deutschland und Mitteleuropa dazu zwingen, ihre Angehörigen in Einrichtungen unterzubringen, die ihren Vorstellungen von sozialer Würde und gesundheitsfördernder Betreuung bei weitem nicht entsprechen, während sie nicht nach Thailand gehen dürfen, obwohl die Standards dort offensichtlich hervorragend sind? Warum muss das deutsche Pflegesystem für in der Summe deutlich schlechtere Leistungen das Doppelte dessen bezahlen, was anderswo nur halb so viel kostet, und zwar bei deutlich besseren Leistungen?

Übrigens hat nicht nur Thailand eine derartige Hochkultur der Seniorenwürdigung. Es gibt viel Spielraum für ähnliche Pflegelösungen in zahlreichen anderen Ländern.

Wenn auf diese Weise die Pflegekosten bei Heimbetreuung bei uns halbiert werden können bei gleichzeitiger Verdoppelung der damit generierten sozialen Leistungen, gewinnen sehr viele Menschen. Und durch mehr Auslandskontakte zu Menschen mit hoher sozialer Kompetenz kann unser Land auch auf dieser Ebene Wertvolles hinzulernen.

Wer Innovationen entwickelt, die direkt unsere sozialen Systeme berühren, muss sich auf einen möglicherweise langen Weg der Auseinandersetzung mit den Behörden einstellen. Daher ist die Entscheidung von Martin Woodtli auch richtig, sich davon in der ersten Phase nicht abhängig zu machen und zunächst nur »Privatklienten« aufzunehmen, die bereit und in der Lage sind, die Pflegekosten selbst zu bezahlen.

Dennoch lohnt die Auseinandersetzung mit den politischen und behördlichen Zuständigen für kreativere und bessere Lösungen. Die entscheidende Diskussion dreht sich an dieser Stelle um die Vermeidungskosten. Der Staat sollte dafür gewonnen werden, bei Social Innovations wie ein »Social Investor im Auftrag des Wohles der Gesellschaft« zu kalkulieren. Er sollte berechnen, wie hoch die Kostenersparnis ist, die durch eine Investition in eine Social Innovation herbeigeführt wird, indem sie die Folgekosten sozialer Probleme vermindert. Auch bei einer Social Innovation zur Gewaltprävention in Schulen oder zur erfolgreichen Vermeidung von Burn-out ist es in einem Land wie Deutschland bei der vorhandenen breiten Datenbasis möglich, belastbare Kalkulationen zum Kostenvermeidungseffekt einer Social Innovation anzustellen. In Australien agiert der Staat bereits in einigen Feldern nach dieser Logik, in den USA hat Präsident Barack Obama ein 100-Millionen-Dollar-Programm für Social Entrepreneurs

verabschiedet. Die Etablierung der Logik der Vermeidungskosten wird Social Innovators und Social Entrepreneurs zum
großen gesellschaftlichen Durchbruch führen und sehr hohe
Anreize für viele weitere Social Innovations freisetzen. Am
Ende werden Social Innovations zu erheblichen Kostenre-
duktionen im sozialen Bereich führen, ohne dass die sozialen
Effekte geringer werden – im Gegenteil, sie werden erheblich steigen.

Die vier Beispiele in diesem Kapitel stammen aus dem Bildungs-
beziehungsweise Sozialsektor. Sie könnten genauso aus jedem
anderen Sektor stammen. Die Grundbotschaft, die sie vermitteln, gilt überall in gleicher Weise: Einfache Fragen stellen, wie
die hier jeweils am Anfang gestellten und dann ungewöhnliche
und einfache Lösungsversuche andenken und gedanklich durch-
spielen. Dabei sollte man sich trauen, gerade das durchzudenken,
was Experten und die Kreatoren der bisherigen gesellschaftlichen Konzepte zu dem jeweiligen Thema als »undenkbar«
betrachtet haben, beispielsweise den Ansatz, dass ausgerechnet
jene, die man bisher als »die Problemgruppe« gesehen hat, die
Hauptträger einer innovativen Lösung sein könnten.
Die bisherigen Beispiele sprechen vor allem Menschen an,
die es sich zutrauen, selbst etwas zu unternehmen, alleine oder
mit einem Team. Daher soll das nächste Beispiel für all jene
geeignet sein, die Angestellte in einem Unternehmen oder
einer Organisation sind und aus dieser Position heraus lernen
möchten, wie sie Social Innovations anstoßen können.

## Grameen Danone

Welche Unternehmen sind am besten geeignet, in ihren
Tätigkeitsfeldern richtig kreative und wertvolle Social Innovations sowie darauf fußende selbsttragend funktionierende

Social Impact Business Geschäftsmodelle zu entwickeln? – Alle Unternehmen, die die Chancen von Social Innovation und Social Impact Business erkannt haben und sich ernsthaft auf den Weg machen, diese neue Welt zu entdecken.

Der Dialog zwischen Muhammad Yunus und Frank Riboud ist inzwischen legendär. Riboud wollte Yunus eigentlich nur einen siebenstelligen Scheck überreichen als Wertschätzung und Förderung seiner Kleinkreditidee. Doch Yunus wollte mehr von Riboud. Er wollte nicht mehr Geld, sondern mehr unternehmerisches Denken: Den Scheck lehnte Yunus ab und schlug stattdessen ein gemeinsames Unternehmen, ein Social Business Joint Venture, vor.

Yunus wollte gemeinsam mit Danone, dem Weltkonzern für Joghurt, einen Joghurt entwickeln, in dem alle Nährstoffe enthalten sind, die in der Ernährung der Armen in Bangladesch in der Regel fehlen. Riboud fand diese Idee faszinierend und sagte ohne zu zögern zu. Er verstand offenbar sofort, was dieses Social Business für sein Unternehmen bedeuten würde – unabhängig von der guten Presse für eine wertvolle soziale Tat. Er erläuterte seinen Aktionären, deren Zustimmung er für dieses Joint Venture brauchte, Folgendes: Danone habe fast alle »normalen« Märkte in der Welt bereits erschlossen. Was nun noch fehle, seien die Märkte an der Armutsschwelle. Wenn es Danone gelänge, auch diese Märkte mit funktionierenden Produkten zu erschließen, ließe sich der Kundenkreis dadurch potenziell verdoppeln. Nur: Kein Beratungsunternehmen der Welt weiß, wie man für diese Märkte Produkte entwickelt, die sich die Ärmsten leisten können und die für ihre Lebenssituation so wertvoll sind, dass sie diese auch kaufen. Wenn dies Danone gelänge, hätte das Unternehmen einen wertvollen Schlüssel für die Zukunft in der Hand.

Yunus stellte jedoch eine Bedingung für diesen Deal. Sobald das Unternehmen die gemeinsamen Anfangsinvestitionen erwirtschaftet habe, dürfe Grameen die Anteile von Danone herauskaufen und Grameen Danone würde dann alleine den Inhabern von Grameen gehören. Diese Inhaber sind zu 93 Prozent die Kreditnehmerinnen der Grameen Bank, also die Armen selbst.

Gerne stimmte Riboud auch dieser Bedingung zu, denn der Wert der Erfahrungen, die die gemeinsame Entwicklung von derartigen Produkten für diese Märkte mit sich bringt, ist weitaus kostbarer. Inzwischen engagiert sich Danone bereits mit mehr als 30 weiteren Social Businesses, die alle mit der Null-Dividende-Lösung und dem Übernahmerecht durch die Ärmsten arbeiten. Die Mitarbeiter von Danone honorieren dieses Engagement sehr. Ein Mitglied der Führungscrew des Unternehmens meinte, wenn Danone heute nach der besten Methode zur optimalen Motivierung seiner Mitarbeiter suchen würde, so wäre das Ergebnis eindeutig: weitere Social Businesses generieren. Gleichzeitig wollten so viele Nachwuchs- und Spitzenkräfte zu Danone wechseln wie nie zuvor. Sinnhaftes Arbeiten ist für immer mehr Menschen das wertvollste aller Incentives. Natürlich wissen die Geschäftsführer von Danone genau wie alle anderen vernünftigen Unternehmensführer, dass man auf der Grundlage der Erfahrungen in den Märkten an der Armutsschwelle künftig unschätzbare Vorteile gegenüber anderen Unternehmen haben wird, wenn es um die Entwicklung von funktionierenden Produkten und Dienstleistungen geht für Kunden, die nach einiger Zeit immer weiter über die Armutsschwelle hinauswachsen.

Denn die Armutsmärkte sind in der Tat ein besonders schwieriges Umfeld für marktfähige Social Impact Produktentwicklungen. Dies musste auch Danone erfahren. Gleich drei Mal stand das Joint Venture Grameen Danone kurz vor dem Scheitern, weil die bis dahin gemeinsam mit Grameen ausgedachten und zweimal revidierten Geschäftsmodelle nicht funktionierten. Erst dann fand man zu einer Lösung, die sich als selbsttragend erwies. Dieses Modell wird nun systematisch mit vielen relativ kleinen Produktionsstätten flächendeckend in Bangladesch ausgeweitet.

Manche Unternehmen werden weiter Social Business Joint Ventures mit Grameen oder anderen Sozialunternehmen auf der Basis von »null Dividende« für die Investoren bevorzugen, weil sie bei Grameen und ähnlich erfahrenen Sozialunternehmen sicher sein können, dass sie hier sehr starke Partner für das gemeinsame Lernen zur Seite haben. Andere Unternehmen werden Partner für Social Investment Joint Ventures suchen, bei denen sie auf eine zumindest moderate Kapitalverzinsung nicht verzichten müssen. In dem Maße, wie mehr und mehr Menschen und Unternehmen lernen, starke Social Innovations und Social Impact Geschäftsmodelle zu entwickeln, dürfte sich eine schrittweise Verlagerung zu letztgenannter Variante ergeben.

In jedem Fall können Mitarbeiter in Unternehmen und sozialen Organisationen in ihren Chefetagen über die immer größere Anzahl der Erfolgsbeispiele der Social Innovation und Social Impact Business Welt berichten und dort Pionier-Überzeugungsarbeit leisten, indem sie die Chancen, die damit für nahezu jedes Unternehmen verbunden sind, aufzeigen: die Wende von kostenträchtigen Corporate Social Responsibility-Maßnahmen hin zu wirkungsvolleren und letztlich selbsttragenden CSR-2.0-Maßnahmen (Social Impact Businesses), die deutliche Motivationssteigerung bei den Mitarbeitern, die neue Innovationsdimension von Social Innovations, die Generierung neuartiger Produkte und Dienstleistungen und die Erschließung völlig neuer Märkte. Mitarbeiter bei der Deutschen Telekom, bei SAP und vielen anderen großen wie auch mittelständischen Unternehmen haben dies erfolgreich getan und ihre Unternehmen sind entsprechend engagiert mit eigenen Projekten in diese neue Welt eingestiegen. Im Verlauf dieses Buches werden wir noch besser verstehen lernen, dass es hier keineswegs nur um Märkte in den Entwicklungs- und Schwellenländern geht.

## Social Innovations systematisch entwickeln

Die Erfahrungen der bisherigen Social Innovations und Social Impact Businesses belegen: Gesunder Menschenverstand ist die wichtigste Voraussetzung für bedeutende Durchbrüche, für kreative Lösungen, für erfolgreiche Projekte in dieser neuen Welt des Denkens und Handelns.

Gleichzeitig zeigte uns der Berliner Ökonom Günter Faltin, dass die Entwicklung innovativer und wirtschaftlich erfolgreicher Geschäftsmodelle, auch im Bereich von Social Impact Business, heute deutlich einfacher ist als noch vor einem Jahrzehnt. Heute kann man viele Komponenten, die man früher für ein erfolgreiches Business noch selbst aufbauen musste, einfach per Software einkaufen oder durch flexible und erfolgsabhängige Verträge mit Spezialunternehmen managen, zum Beispiel für Büroservices oder Liefersysteme. Für immer mehr Geschäftsmodelle benötigt man dank des Internets auch keine großen Vorfinanzierungen mehr. Wenn das Grundmodell funktioniert, ist die Skalierung relativ einfach zu organisieren.

»Jeder Mensch ist Unternehmer!« Diese Abwandlung des bekannten Beuys-Zitats »Jeder Mensch ist Künstler« durch Günter Faltin hat große Berechtigung und noch viel größeres Potenzial für ein breit angelegtes, neues Gründerzeitalter. Die Lektüre seines Buches »Kopf schlägt Kapital« sei jedem wärmstens empfohlen, der sich von seinen Unternehmensgründungsängsten kurieren lassen möchte.

Solange Social Innovation und Social Impact Business aber nur von einem kleinen Kreis Gründungsmutiger und -williger getragen werden, wird diese neue Welt des Denkens und Handelns eher überschaubar bleiben. Wenn wir mehr erreichen wollen, müssen wir uns nun der Frage zuwenden: Wie entwickeln wir nicht nur Hunderte und Tausende gute Social Innovations, sondern Hunderttausende und Millionen? Wie können wir alle lernen, Social Innovations zu generieren?

## Design Thinking

Eine ähnliche Frage stellten sich zwei Wirtschaftspioniere angesichts der großen Dynamik Chinas und Indiens, die sich auf immer weitere Schwellenländer ausbreitete. Wie können wir sehr viel mehr Menschen systematisch darin ausbilden, gute Innovatoren zu werden, damit unser Land, in diesem Fall die USA, möglichst viele und gute Innovationen entwickelt, um damit die Grundlage unseres künftigen Wohlstands sicherzustellen? Wie kann eine breite Innovationskultur erzeugt werden, die nicht nur in Elfenbeintürmen der Forschung gedeiht, sondern an vielen anderen Plätzen – und insbesondere an unseren Universitäten? Warum werden dort nicht irgendwann alle Studierenden als Teil ihrer Kernausbildung zu kreativen Innovatoren ausgebildet?

Diese Frage stellte sich in dieser radikalen Zuspitzung als erster David Kelley, der Gründer des US-amerikanischen Spitzenunternehmens für innovative Entwicklungen, IDEO. Zu den Unternehmen, die ihren Erfolg zu einem guten Teil der Arbeit seiner Innovationsschmiede zu verdanken haben, zählt unter anderem Apple. David Kelley ergriff die Initiative zur Gründung der ersten School of Design Thinking an der Stanford University. Er fand schnell einen Gleichgesinnten, der bereit war, einen Teil seines Vermögens in den raschen

Ausbau dieser Schule für systematische Innovationsentwicklung zu investieren: Hasso Plattner, einer der Gründer von SAP. Er stellte jedoch eine Bedingung. Es sollte gleich eine zweite School of Design Thinking gestartet werden, und zwar am Hasso Plattner Institut an der Universität Potsdam.

Die Idee des Design Thinking ist einfach. Experten entwickeln ihre Innovationen in den Korridoren ihres Fachwissens. Dadurch sind viele technische Innovationen zu sehr technisch verspielt und zu wenig am direkten Kundennutzen orientiert. Der Erfolg von Apple hat genau hierin seinen Grund: An oberster Stelle stehen der Nutzen und die Freude der Kunden, mit diesem Produkt zu leben und zu arbeiten. Daher muss – ganz bewusst frei von jedem Votum von Technikern – geklärt werden, was ein neuer Kundennutzen sein kann und soll. Erst dann werden wieder Techniker und andere Experten einbezogen, die an der Frage mitarbeiten, wie dieser Kundennutzen generiert werden kann.

Design Thinking ist eine Methode, bei der in kleinen interdisziplinären Teams Menschen unterschiedlicher Wahrnehmungs- und Lernstile zusammengebracht werden, die nach der Vermittlung grundlegender Beratungsprinzipien, wie zum Beispiel Wertschätzung aller Beiträge sowie rein konstruktive eigene Inputs, folgende Prozesse durchlaufen:

In der ersten Phase, die sich zugleich als die schwierigste erweist, muss die Problemstellung genau verstanden werden. Das interdisziplinäre Team bemüht sich um eine möglichst präzise Definition der Problemstellung beziehungsweise der zu lösenden Herausforderung. Sehr viele Produkte und Dienstleistungen in der Wirtschaft sowie in nahezu allen Bereichen des gesellschaftlichen Miteinanders werden an den wirklichen Bedürfnissen der Menschen vorbei entwickelt, weil Experten meinen, sie wüssten schon alles, was es zu wissen gibt für die Entwicklung weiterer Innovationen. Die Zusammenstellung eines interdisziplinären Teams, dessen erste Aufgabe es ist, aus möglichst umfassender Sicht die Aufgabenstellung zu definieren, ist ein erster Schritt aus dieser Befangenheit heraus. Doch die zweite Phase des Design Thinking Prozesses ist entscheidend, um die Qualität der Eingangsfrage auf das notwendige Niveau zu bringen, und dies heißt konkret: auf das richtige Ziel hin auszurichten.

In dieser zweiten Phase müssen die Teamteilnehmer mit jenen Menschen in Kontakt treten, für die eine Innovation entwickelt werden soll. Die Teammitglieder müssen verstehen, was genau die Ausgangs- und Problemsituation der jeweiligen Zielgruppe ist und was sie von daher wirklich braucht. Je besser man dies verstanden hat, desto besser und passender kann man Innovationen entwickeln und desto erfolgreicher sind die Produkte und Dienstleistungen, die auf dieser Grundlage entwickelt werden. Um herauszufinden, was die Ärmsten wirklich bräuchten, damit sie sich selbst aus dem Teufelskreis der Armut befreien könnten, befragte Muhammad Yunus – ganz entsprechend dem hier beschriebenen Design Thinking-Ansatz – die Ärmsten selbst, anstatt Gelehrtenmeinungen aus der Literatur zu erforschen. Im Unterschied zu allen Expertenmeinungen erbrachte die direkte Befragung der Armen, dass diese schlicht etwas Geld bräuchten, um davon die für ihre Arbeit notwendigen Rohstoffe oder Arbeitsgeräte selbst anschaffen zu können, damit die Wertschöpfung ihrer Arbeit nicht länger durch Ausbeuter abgeschröpft würde, sondern sie sie selbst behalten könnten. Erst durch diese hoch konzentrierte und völlig ergebnisoffene Befragung der Betroffenen erkannte Yunus, welche Art von Innovation er zur erfolgreichen Armutsüberwindung entwickeln musste: ein funktionierendes Darlehenssystem für Arme. In dieser zweiten Phase muss durch viele unterschiedliche Blickwinkel auf die Problemstellung sowie insbesondere durch genaue Beobachtung und Befragung der Betroffenen eine echte 360-Grad-Sicht entstehen.

In der dritten Phase bildet das interdisziplinäre Team aus den bis dahin gewonnenen Erkenntnissen eine sogenannte Persona, eine idealisierte, visualisierte Zielperson, die jene Lebenssituation verkörpert, für die die Innovation entwickelt werden soll. Um komplexe Zusammenhänge gut zu verstehen und nachhaltig im Blick zu behalten sowie ein gemeinsames Verständnis dazu im Team herzustellen und sich darüber im weiteren Verlauf erfolgreich austauschen zu können, erwies sich eine detaillierte Visualisierung als entscheidende Hilfestellung.

Erst jetzt folgt in der vierten Phase das, womit man sonst bei Innovationsprozessen beginnt: das Brainstorming. Denn zu früh eingesetzt, führt Brainstorming dazu, dass alle Beteiligten nur aus ihrem mitgebrachten und daher nicht überprüften Verständnis der Problemlage heraus Ideen sammeln. Zudem hat ein Team in einer solchen Situation in der Regel noch kein gemeinsam erarbeitetes 360-Grad-Verständnis entwickelt, weshalb der Brainstormingprozess in der Auswahlphase allzu leicht Opfer eines unterschwelligen Machtkampfes wird. Daher steht das Brainstorming beim Design Thinking nicht am Anfang, sondern in der Mitte des Gesamtprozesses: Durch die Vorbereitung während der drei vorherigen Phasen führt der Brainstormingprozess im Design Thinking zu einer ganz anderen Qualität von Ideen. 20 bis 30 Minuten Brainstorming erweisen sich meist als völlig ausreichend für ein Panorama von Lösungsideen, aus dem man sich im Team schnell auf einen brauchbaren Lösungsansatz einigen kann.

Dieser Lösungsansatz wird in der fünften Phase wiederum einem Visualisierungsprozess unterworfen. Die Innovationsidee wird in einem Prototyp fass- und anfassbar gemacht. Wenn es sich um ein Produkt handelt, wird dies mit einfachsten

Materialien wie Pappe, Legosteinen oder ähnlichem bewerkstelligt, bei einer Dienstleistung wird diese in einem Sketch dargestellt, der per Video aufgezeichnet wird.

In der sechsten und letzten Phase wird die Innovation mittels des Prototyps getestet, und zwar mit jenen Menschen, für die sie entwickelt wurde.

Es gehört zum Wesen des Design Thinking Prozesses, in jeder Phase alle bis dahin gewonnenen Erkenntnisse und Lösungsansätze immer wieder radikal infrage zu stellen. Eines der Prinzipien lautet: »Scheitere früh und oft!« Im Gegensatz zu der in Europa sehr verbreiteten Haltung, nach der Scheitern das Schlimmste ist, was passieren kann, wird Scheitern im Prozess des Design Thinking als überaus wichtig, notwendig und wertvoll erachtet. Wer Scheitern vermeiden will, konserviert damit unvermeidlich seine bisherigen Denkmuster und kann diese dann umso schwerer überwinden. Doch genau darum geht es bei fast allen Innovationsentwicklungen: um das Verlassen und Überwinden bisheriger Denkschablonen. Der Trendforscher Sven Gabor Janszky bestätigt dies mit seiner Analyse der erfolgreichsten Innovationen der letzten Jahrzehnte. Sie wurden von einem bestimmten Typ Mensch entwickelt, den er »Rulebreaker« nennt. Rulebreaker sehen sich die bisher geltenden Spielregeln an und fragen sich, wo und inwiefern diese Spielregeln die Entdeckung neuer Denk- und Lösungsansätze behindern. Design Thinking ist somit kollektives Rulebreaking. Und ein Design Thinking Prozess dauert so lange an, bis die bisherigen Denkgrenzen überwunden sind und die Lebenssituation, für die eine Innovation entwickelt werden soll, tatsächlich mit einer Innovation beantwortet ist, die eine neue Stufe der Lebensqualität ermöglicht.

Ursprünglich war Design Thinking entwickelt worden, um die Innovationskraft der westlichen Industrieländer noch einmal erheblich zu steigern, und um zu verhindern, dass der

Westen als Folge des immensen Aufholprozesses von China, Indien und anderen Schwellenländern einfach von diesen überrollt werden würde. Die Blickrichtung war zunächst ganz auf technische sowie Geschäftsinnovationen fokussiert. Doch die Studierenden, die in der Pilotphase an den beiden ersten Standorten, Stanford und Potsdam, Design Thinking lernten, bevorzugten es, Innovationen im Sinne einer ökologisch und sozial nachhaltigen Entwicklung zu kreieren. Sie erkannten, dass die Welt heute vor allem ökologische und soziale Innovationen braucht, die für diese Art von Innovationen auch gerne technische Innovationen und Geschäftsmodellinnovationen einbeziehen kann.

Daher traf ich bei Ulrich Weinberg, dem Leiter der School of Design Thinking am Hasso Plattner Institut der Universität Potsdam, auf sehr offene Ohren für den Gedanken, Design Thinking für die Entwicklung von Social Innovations anzuwenden. Er berichtete von bemerkenswerten Social Innovations, die man in Stanford bereits auf Anfrage und in Kooperation mit sozialen Einrichtungen sowie Social Entrepreneurs entwickelt hatte. So war beispielsweise ein Inkubator für Frühgeborene entstanden, der so flexibel und preisgünstig ist, dass er auch in den Armutsregionen der Welt breitflächig zum Einsatz kommen kann. Dieser Inkubator gleicht nicht den bei uns herkömmlichen Inkubatoren, sondern wirkt eher wie ein Tragebeutel oder Rucksack, der am Körper der Mutter getragen wird. Seine Leistungsfähigkeit ist der unserer Inkubatoren vergleichbar, kostet jedoch gerade einmal ein Prozent von diesen.

Dieser Inkubator ist also ein Paradebeispiel für das, was die Idee des »Design Thinking for Social Innovations« leisten soll. Der erste Schritt zum breitflächigen Einsatz von Design Thinking als systematische und von jedem erlernbare Methode zur Generierung von Social Innovations war die Abhaltung eines eintägigen Schnupperkurses am Tag vor dem eigentlichen Vision Summit 2011 an der School of Design Thinking in Potsdam. Als absolute Obergrenze waren 250 Teilnehmer angesetzt, weil damit alle speziell für das Design Thinking eingerichteten Arbeitsplätze vollständig belegt waren. Dies war damit der größte Innovationsworkshop, der jemals mit der Methode des Design Thinking durchgeführt wurde.

Bereits während der Vorbereitungen auf den Vision Summit 2011 gewannen die Themen Social Innovation und Design Thinking for Social Innovation eine besondere Aufmerksamkeit in gewissen Kreisen. An der ersten School of Design Thinking in Stanford entwickelte sich der Bereich Design Thinking for Social Innovation im Frühjahr 2011 zu einem eigenständigen Bereich und auch in Deutschland entstanden um diese Zeit gleich mehrere analoge Initiativen.

Das Genisis Institute startete im Herbst 2011 in Zusammenarbeit mit der School of Design Thinking in Potsdam sowie der Humboldt-Viadrina School of Governance ein solches Programm, mit dem insbesondere Unternehmen dafür gewonnen werden sollen, ihre bisherigen CSR-Strategien in Richtung CSR 2.0, also zu selbsttragenden Social Impact Business Vorhaben auf der Grundlage starker Social Innovations, weiterzuentwickeln. Sie sollen dabei eng mit Social Entrepreneurs zusammenarbeiten. In die dabei entstehenden Teams werden unter anderem besonders bewährte und innovative Akteure aus allen Bereichen der Szene für Social Innovations, Social Entrepreneurship und Social Impact Business einbezogen.

Mit dieser Entwicklung verbinden jene, die sich mit diesen Themen befassen, die Hoffnung auf eine erhebliche Ausweitung von Social Innovation und Social Impact Business. Von jetzt an ist das entscheidende Momentum für erfolgreiche Social Impact Business Konzepte in großer Breite vermittelbar und lernbar. Die erste umfassende Studie zu den beiden ersten Social Business Joint Ventures zwischen Grameen und Danone sowie Grameen und Veolia, die von Kerstin Humberg erstellt wurde, zeigte, dass es, neben den zahlreichen ausgesprochen positiven Aspekten dieser Projekte, selbst bei einer Reihe der bisher etablierten Grameen-Kooperationen und ähnlichen Vorzeige-Projekten noch besserer Innovationsentwicklungen bedarf. Design Thinking kann diese Lücke füllen und die Grundlage für Hunderttausende neue Social Impact Businesses legen.

## Die Umsetzung einer Vision studieren

Seit Ashoka seine Arbeit im Jahr 2003 auch in Deutschland aufnahm, entstanden an deutschen Hochschulen in wenigen Jahren mehrere Lehrstühle für Social Entrepreneurship, die von den Studierenden hervorragend aufgenommen wurden. Insbesondere die Arbeit von Stephan Jansen, dem Leiter der Zeppelin Universität in Friedrichshafen, trug zu der sehr schnellen Ausbreitung der Idee von Social Entrepreneurship in den deutschsprachigen Ländern bei.

Der Impuls von Muhammad Yunus für Social Business beschleunigte diesen Prozess und führte zur Errichtung des ersten Lehrstuhls speziell für Social Business in Deutschland, einem Danone Stiftungslehrstuhl an der European Business School in Wiesbaden unter der Schirmherrschaft von Muhammad Yunus. Zum Honorarprofessor wurde dort Andreas Heinecke benannt, der zugleich der erste Ashoka Fellow in Deutschland war.

Ebenfalls an der European Business School entstand 2009 das erste Competence Center for Social Innovation, das von Peter Russo geleitet wird. Diese Einrichtung wurde auf Initiative und in Kooperation mit dem World Vision Institut ins

Leben gerufen, das damit eine Pionierrolle innerhalb der Welt der traditionellen Nichtregierungsorganisationen eingenommen hat und der dringenden Notwendigkeit Rechnung trägt, NGOs in Richtung eines weitaus stärkeren Innovationsgeistes fortzuentwickeln.

Trotz dieser sehr wertvollen und zukunftsweisenden Entwicklungen sei ein Ansatz besonders hervorgehoben: Die Humboldt-Viadrina School of Governance realisierte nach siebenjährigem bürokratischem Hürdenlauf im Jahr 2009 den Start eines höchst ungewöhnlichen Master-Studiengangs. Wer bereits einen Hochschulabschluss hinter sich hat und mindestens zwei Jahre Berufserfahrung mitbringt, kann einen zweijährigen berufsbegleitenden postgraduierten Studiengang belegen, der der Traum eines jeden visionären Menschen ist: Er kann *seine persönliche Vision* studieren, seine Vision für eine bessere Welt beziehungsweise seinen persönlichen Beitrag hierzu, und zwar in der Weise, dass er diese Vision während seines Studiums oder spätestens im Anschluss daran erfolgreich auf die Straße bringen kann. Die praktische Umsetzung der persönlichen Vision mit einem formalen, anerkannten Abschluss als Master of Public Policy, das gab es in der deutschen Bildungslandschaft noch nie – und dieser Studiengang ist prädestiniert für visionäre Vorhaben gerade im Sinne von Social Innovations, Social Entrepreneurship und Social Impact Business. Die Humboldt-Viadrina School of Governance wurde maßgeblich initiiert von Stephan Breidenbach und Gesine Schwan, die diese Einrichtung auch leiten.

Der Master-Studiengang besteht aus einem Theorieteil, einem Angebotspaket zum Erwerb jener praktischen Kompetenzen, die man für die erfolgreiche Umsetzung seiner Vision braucht, sowie dem ganz persönlichen, individuellen Praxisprojekt. Während die ersten beiden Teile das Handwerkszeug vermitteln, das jeder, der ein ungewöhnliches Projekt umsetzen möchte, braucht, organisiert die Humboldt-Viadrina School of Governance für das persönliche Praxisprojekt jeweils individuelle Mentoren plus den kreativen Austausch mit anderen sozialen Innovatoren. Das Studium ist ferner so angelegt, dass es die Absolventen für Innovations-Führungsaufgaben in Unternehmen, in Politik und Verwaltung sowie in zivilgesellschaftlichen Organisationen befähigt. Dadurch lernen die Studierenden – ganz gleich, wo sie tätig sind und ob sie als Angestellte oder selbstständig unterwegs sind –, wie ein intelligentes Zusammenspiel von Wirtschaft, Politik und Zivilgesellschaft funktioniert. Die Humboldt-Viadrina School of Governance ist damit insbesondere für solche Unternehmen eine ideale Einrichtung, die den praktischen Einstieg in die Welt der Social Innovations finden wollen, ihre bisherigen CSR-Ideen zu selbsttragenden Social Impact Businesses fortentwickeln möchten oder Gesetzesinitiativen ausarbeiten lassen wollen zur Wegbereitung des gesellschaftlichen Durchbruchs von potenzialreichen Social Innovations. In jedem dieser Fälle können Unternehmen einen Mitarbeiter zum berufsbegleitenden Studium an die Humboldt-Viadrina School of Governance schicken.

Neben dem Master-Studiengang bietet die Humboldt-Viadrina School of Governance weitere Forschungs- und Inkubationsprojekte sowie Fortbildungen an. So entstand dort bereits in der Vorlaufphase zum ersten Master-Studiengang eine bedeutende Social Innovation: die Spendenplattform betterplace.org, über die bereits mehrere Tausend Projekte finanziert wurden, und zwar mit jeweils 100-prozentiger Weiterleitung aller Spendengelder direkt an die Projekte. Die Humboldt-Viadrina School of Governance bietet als erste Hochschuleinrichtung in Deutschland Fortbildungen für Spitzenkräfte zur Blue Economy an. Und sie startete im Frühsommer 2011 das Education Innovation Lab, auf das wir im vierten Teil dieses Buches näher zu sprechen kommen werden.

## Datenbanken für Social Innovations

Die Pionierarbeit von Ashoka bei der Identifikation von Social Innovators und Social Entrepreneurs wurde bereits hervorgehoben. Die von Ashoka identifizierten knapp 3.000 Social Entrepreneurs kann man mit den Worten Stephan Jansens getrost als »die Forschungs- und Entwicklungsabteilung unserer Gesellschaft für Social Innovations« bezeichnen. Doch es gibt neben Ashoka weitere interessante Quellen für Social Innovations. Eine ist die Homepage von Blue Economy. Unter blueeconomy.de werden fortlaufend Innovationen – vorerst 100 – beschrieben, die gleichzeitig einen hohen ökologischen, sozialen und ökonomischen Impact haben und die nach Gunter Pauli in den nächsten zehn Jahren 100 Millionen neue Arbeitsplätze schaffen könnten. Alle diese Innovationen stehen ohne Lizenzgebühren kostenfrei zur Verfügung.

Der indische Wirtschaftsprofessor Anil Gupta hob einen weiteren großen Schatz für Social Innovations. Er forschte nach Innovatoren und Innovationen in den Armutsregionen seines eigenen Landes, weil er von der in der Geschichte der Menschheit zu allen Zeiten bestätigten These ausging, dass Not erfinderisch macht. Denn solange die Welt nur auf Innovationen schaut, die in den Wohlstandsregionen entstanden sind, bleibt uns diese andere Welt der Innovationen verborgen. Gupta hat in den Dörfern Indiens bis heute nicht weniger als 75.000 soziale und ökologische Innovationen gesammelt und behauptet, nicht wenige von diesen seien von hohem Wert für die Menschheit, insbesondere für jenen Teil der Menschheit, der in vergleichbaren Lebensumständen lebt. Seine

Organisation SRISTI ist eine Art Weltpatentamt für Social Innovations aus der Welt der Armen. Der unschätzbare Wert von Innovationen, die in diesem riesengroßen blinden Fleck der globalen Entwicklungsorganisationen entstehen, wurde mir durch die Entdeckung des eingangs bereits erwähnten alternativen Bildungssystems von FUNDAEC in Kolumbien bewusst. Alle Experten, die ich dazu befragen konnte und von denen kein einziger dieses Projekt kannte, waren sich einig, noch nie von einem derart innovativen Bildungssystem gehört zu haben.

Eine weitere Datenbank für Social Innovations entstand im Rahmen der Weltausstellung in Hannover. Die Expo 2000 beauftragte eine internationale Jury damit, nach beispielgebenden innovativen Projekten im Sinne der Nachhaltigkeitskriterien der Agenda 21 der Umweltkonferenz von 1992 in Rio de Janeiro zu fahnden. Insgesamt 767 Projekte wurden für das Programm der »Weltweiten Projekte der Expo 2000« ausgewählt und von Peter Felixberger umfassend dokumentiert. Leider wurde mein Vorschlag an die Bundesregierung nicht aufgegriffen, diese einmalige Sammlung als Grundlage für ein permanentes »Museum der Zukunftsinnovationen« zu nutzen. Es lohnt sich, diesen Gedanken erneut aufzugreifen. Und tatsächlich ist unter Involvierung der Humboldt-Viadrina School of Governance ein ähnliches Projekt, eine Plattform zum gebührenfreien Abruf von ökologischen und sozialen Nachhaltigkeitsgeschäftsmodellen, in Vorbereitung.

## Das Grameen Creative Lab

Ein weiterer wichtiger Akteur für die Verbreitung von Social Innovations speziell mit der Grameen Unternehmensfamilie ist das von Muhammad Yunus und Hans Reitz etablierte

Grameen Creative Lab in Wiesbaden. Dieses arrangierte bereits mehrere Social Business Joint Ventures zwischen Grameen und westlichen Unternehmen, so beispielsweise mit BASF für ein Social Business mit beschichteten Moskitonetzen sowie die Versorgung der Armen in Bangladesch mit Nahrungsergänzungsmitteln; mit der Otto Group für eine vorbildlich nachhaltige Textil-Produktionsstätte in Bangladesch und mit Adidas zur Herstellung eines Schuhs für einen Verkaufspreis von einem Euro. Durch einen solchen, auch für sehr arme Menschen erschwinglichen Schuh soll die Hauptquelle für zahlreiche Erkrankungen in Entwicklungsländern erfolgreich angegangen werden. Denn sehr viele Erreger gelangen über Verletzungen an den Füßen in den Körper.

Neben Konzernen arbeitet das Grameen Creative Lab mit vielen Graswurzelorganisationen an der Bildung von Social Businesses. Ein weiterer wichtiger Bereich ist die Zusammenarbeit mit Universitäten, die mit einer legeren Kooperation mit der Freien Universität Berlin angefangen hat. Heute gibt es Grameen Creative Labs unter anderem an der Kyushu University in Japan und der National University Singapur, die Social Business in ihr akademisches Umfeld integrieren.

Grameen Creative Lab arbeitet auf der Grundlage der sieben Prinzipien für Social Business, die Yunus im Jahr 2007 aufgestellt hat: die Gründung von Social Business Unternehmen neben den traditionellen Unternehmen, deren einziger Gründungszweck die Lösung eines gesellschaftlichen Problems ist, die dabei auch die Prinzipien einer ökologischen Nachhaltigkeit berücksichtigen und ihre Mitarbeiter angemessen bezahlen, die gewinnorientiert arbeiten, aber alle Gewinne in den sozialen Unternehmenszweck reinvestieren, die keinerlei Dividenden an ihre Investoren ausbezahlen und ihren Job mit Freude erledigen.

## Lernende Organisationen

Weltweit tauchen immer neue Begriffe auf, die den Gedanken des Social Impact Business aufgreifen, wie beispielsweise der Begriff des »Shared Value« von Michael E. Porter. Mehr und mehr Organisationen entstehen, die sich um die Umsetzung der damit verbundenen Ideen kümmern. Einen aktuellen Überblick über solche »Learning Communities« im deutschsprachigen Raum gibt die Homepage terranetwork.org.

Nachfolgend werden zwei dieser Netzwerke kurz vorgestellt.

### Global Entrepreneurs

Entsprechend seiner generellen Zielsetzung, zur Entstehung eines starken Netzwerks für Social Impact Business beizutragen, startete das Genisis Institute 2010 mit den »Global Entrepreneurs«, einem »Network of Responsible Innovators«.

Als Global Entrepreneurs werden globalverantwortliche Persönlichkeiten bezeichnet, die mit unternehmerischen Mitteln zur Lösung sozialer und ökologischer Herausforderungen beitragen möchten. Sie fördern mit finanziellen Beiträgen und persönlichem Engagement die Bildung weiterer wichtiger Infrastrukturprojekte für Social Innovations und Social Impact Businesses wie zum Beispiel das Education Innovation Lab oder eine derzeit neu entstehende, integrierte Internetplattform, die das gesamte Spektrum von CSR und zivilgesellschaftlichem Engagement bis hin zu Social Impact Business abdeckt. Sie unterstützen besonders vielversprechende Social Entrepreneurs beim Ausbau ihrer Innovationen und bei deren Weiterentwicklung zu möglichst selbsttragenden Social Businesses. Und sie lernen voneinander und von erfahrenen und bereits erfolgreichen Akteuren der Szene, wie Social Impact

Businesses funktionieren und wie ihre Unternehmen ihre bisherigen CSR-Maßnahmen in Richtung CSR 2.0, also zu selbsttragenden Social Impact Businesses, weiterentwickeln können.

Dies gilt für die Unternehmensmitglieder. Daneben gibt es eine zweite Mitgliedsform für Privatpersonen, die »Impact Angels«, die sich bei der Förderung von Social Entrepreneurs und Social Innovations engagieren sowie beim Aufbau und der Umsetzung von Infrastrukturprojekten für eine breite Social Innovation Kultur.

Die Global Entrepreneurs bilden somit einen Kernkreis von engagierten unternehmerischen Persönlichkeiten – in dem doppelten Wortsinne von »unternehmerisch« wie im Vorwort erläutert –, der sich organisch weiterentwickelt. Wer in der neuen Welt von Social Innovation und Social Impact Business mitwirken möchte, findet hier sein Netzwerk.

### Der Senat der Wirtschaft

An einer entscheidenden Stelle ihrer strategischen Zielsetzungen arbeiten die Global Entrepreneurs eng mit dem Senat der Wirtschaft zusammen: bei der Politikberatung für die in diesem Buch beschriebenen Ideen und Ziele.

Der Senat der Wirtschaft wurde 2009 von Dieter Härthe ins Leben gerufen. Er baute zuvor bereits einige Wirtschaftsverbände erfolgreich auf, gelangte jedoch in den letzten Jahren immer mehr zu der Überzeugung, dass die klassische Lobbyarbeit, die den Partikularinteressen einzelner Unternehmen oder Branchen dient, den heutigen Anforderungen nicht mehr entspricht. Mit dem Senat der Wirtschaft wollte er Führungspersönlichkeiten aus der Wirtschaft dafür gewinnen, sich in den Dienst gemeinwohlorientierter Politikberatung zu stellen. Er orientierte sich dabei an den Funktionen des

Senats in der Antike. In ihnen wirkten Persönlichkeiten mit herausragenden lebenspraktischen Erfahrungen, die politische Entscheidungsträger im Sinne des Gemeinwohls beraten sollten.

Der Ansatz, der Idee des antiken Senats heute in zeitgemäßer Form wieder einen bedeutenden Platz in der Gesellschaft zu geben, fand sowohl in der Wirtschaft als auch in der Politik starken Zuspruch. Politiker erlebten Führungspersönlichkeiten aus der Wirtschaft bis dahin immer als Lobbyisten mit klaren Forderungspaketen zum Wohle ihrer Unternehmen, aber nicht als Unterstützer möglichst innovativer und dem Wohl der Gesellschaft dienender Gestaltungskonzepte. Umgekehrt erfahren es Unternehmer und Spitzenmanager als besondere Wertschätzung und reizvolle Aufgabe, konstruktiv gesellschaftspolitisch mitdenken und mitwirken zu können, ohne sich dabei parteipolitisch einbinden zu müssen.

Der Senat der Wirtschaft bietet Politikern aller Parteien die gebündelte Kompetenz seiner Mitglieder für die Lösung von Aufgaben an, die von den Politikern definiert werden. Eine Frage eines Bundesministers an den Senat der Wirtschaft war beispielsweise: Wie lässt sich der verständliche und berechtigte Anspruch der Bürger, bei Großprojekten wie Stuttgart 21 frühzeitig stärker eingebunden zu werden, mit dem Wunsch vereinbaren, dass derartige Projekte dadurch nicht noch längere und aufwendigere bürokratische Planungsprozesse durchlaufen müssen, da viele Projekte in einer sich rasant wandelnden Welt eher schnellere als noch langsamere Planungs- und Umsetzungszeiträume benötigen? Als Beispiel wurde der zügige Ausbau der erneuerbaren Energien nach den endgültigen Ausstiegsentscheidungen der Bundesregierung aus der Kernenergie angeführt.

Darüber hinaus engagiert sich der Senat der Wirtschaft mit eigenen Initiativen, die den Umbau zu einer ökologisch nachhaltigen sozialen Marktwirtschaft auf intelligente Weise beschleunigen sollen. Auch in diesem Ansatz unterscheidet sich der Senat der Wirtschaft von traditionellen Wirtschaftsverbänden, bei denen anstelle von visionären Lösungen oft Bedenken in den Vordergrund gestellt werden, die damit die Zielrichtung der Lobbyarbeit bestimmen, wenn es um soziale und ökologische Verbesserungen geht.

Ein Beispiel für dieses Engagement ist die Wald-Klima-Initiative des Senats der Wirtschaft. Sie wurde Anfang September 2011 gemeinsam mit Umweltminister Norbert Röttgen im Rahmen einer Konferenz von 25 Umweltministern unter Schirmherrschaft des UN-Generalsekretärs vorgestellt. Basis dieser Initiative ist eine Studie des Präsidenten des Senats der Wirtschaft, Franz Josef Radermacher. Dieser rechnete aus, wie viele Bäume in welcher Zeit weltweit zusätzlich angepflanzt werden müssten, damit das Ziel einer maximal um 2 Grad erhöhten weltweiten Durchschnittstemperatur noch erreicht werden könnte. Die jüngsten Zahlen über die Entwicklung des Ausstoßes klimaschädlicher Emissionen lassen da nichts Gutes mehr hoffen. Daher braucht die Menschheit, flankierend zu der offensiven Fortführung der Bemühungen um ein hinlänglich wirksames globales Klimaschutzregime, eine Wald-Klima-Initiative. Je schneller und je mehr zusätzliche Waldfläche entsteht, desto mehr $CO_2$ kann gebunden werden und desto mehr Zeit kann gewonnen werden, um die weiterhin absolut unumgängliche Wende zu einer nachhaltigen Struktur der Wirtschaft doch noch rechtzeitig organisieren zu können. Wie dramatisch die Lage bereits ist, zeigt diese Zahl: Wenn die gegenwärtige Kurve der Emissionsentwicklung nur noch kurze Zeit ungebrochen bleibt, wird sich eine Klimaveränderung eher bei 5 statt bei 2 Grad Celsius einpendeln. Eine Klimaerwärmung von 5 Grad jedoch würde eine Welt bedeuten, auf der wir nicht mehr leben könnten. Die

Wald-Klima-Initiative will die Unternehmen der Welt dafür gewinnen, in einen globalen Fonds in den nächsten Jahren so viel einzubezahlen, dass damit in den nächsten zwei Jahrzehnten nicht weniger als 150 Millionen Hektar aufgeforstet werden können.

Aber warum sollte ausgerechnet eine wirtschaftsnahe Vordenkerorganisation Pionier einer solch weitreichenden globalen Umweltinitiative sein? Wie bereits erläutert, haben sehr viele Unternehmen inzwischen erkannt, dass die ohnehin unumgängliche Ökowende auch für die Wirtschaft nicht nur die Voraussetzung ihrer eigenen Zukunft ist, sondern ihr in jeder Hinsicht immense Chancen eröffnet. Und auch in diesem Feld gilt das für alle wirtschaftlichen Aktivitäten gültige First-Mover-Prinzip: Wer hier früher unterwegs ist als andere Unternehmen, generiert dadurch automatisch Vorteile. Der Senat der Wirtschaft hat dies erkannt und seine Mitglieder ziehen mit. Sie haben daher einen eigenen weltweiten Fonds gebildet, der so konstruiert ist, dass er ökonomische und ökologische wie auch soziale Effektivität optimiert.

Analog zu diesem Beispiel wird der Senat der Wirtschaft gemeinsam mit den Global Entrepreneurs Strategien entwickeln, um die Politik für visionäre Schritte zur Förderung von Social Innovation und Social Impact Business zu gewinnen.

Als Ausdruck dieser Kooperation sowie als deren internationale Plattform bauen beide Organisationen derzeit das 2007 gegründete Global Economic Network zu einer Art Dachverband für ähnlich orientierte Organisationen um, die ökologische, soziale und ökonomische Ziele in harmonischem Dreiklang vorantreiben möchten, und zwar auf der Grundlage einer globalverantwortlichen Ethik und mit intelligenten neuen Ansätzen wie jenen von Social Innovation und Social Impact Business.

Immer mehr Organisationen richten sich auf dieses neue Denken aus oder gründen sich aus dieser Ideenwelt heraus. Bernd Kolb wurde in diesem Zusammenhang bereits erwähnt. Er sieht die Zeit für gekommen, dass dieses neue Denken auch einen zeitgemäßen, dem Club of Rome vergleichbaren Vordenkerclub erhält. Der von ihm initiierte Club of Marrakesh will dies leisten. Etwa 30 Pioniere hat er bereits für seine Idee gewinnen können. Ziel ist, aus diesem Kreis heraus unternehmerische Lösungen für ökosoziale Zukunftsherausforderungen zu generieren, also nicht nur Vordenker-, sondern vor allem Vorbildunternehmerleistungen zu erbringen.

Ein erstes Beispiel für dieses Vorhaben wollte man selbst setzen. Deshalb kreierte Andrea Kolb mit der Marke Abury ein neuartiges Unternehmenskonzept. Das erste dort realisierte Produkt ist Fairybags: Alte Berbertaschen aus Marokko werden mit westlichem Vermarktungswissen entsprechend ihres hohen kulturellen Wertes in westliche Märkte eingebracht. Hier werden schon fast verlorene kulturelle Schätze einer alten Hochkultur wiederentdeckt und einer angemessenen Wertschöpfung auch in ökonomischer Hinsicht zugeführt.

Andrea Kolb konnte es nicht fassen: Wunderschöne Ledertaschen der Berber, die in den südlich von Marrakesh gelegenen Bergen leben, landeten auf dem Müll, weil ihre Besitzer meinten, diese seien wertlos. Die neuen Statussymbole für Werthaltigkeit seien doch offensichtlich die Plastikbeutel und Billigprodukte, die die westlichen Besucher ihres Landes mit sich tragen und die sie nun ebenfalls tragen wollten. Andrea Kolb musste die Berber erst von ihrer Idee überzeugen, diese hochwertigen Berbertaschen aufzusammeln und im Westen zu vermarkten, um mit ihnen nicht für sich selbst Geld zu verdienen, sondern auch für die Berber eine neue Wertschöpfungskette zu generieren. Mit den erzielten Gewinnen und der geschaffenen Nachfrage nach weiteren Berbertaschen sollte die Herstellung dieser Taschen durch die Berber wiederbelebt werden. Das Vorhaben gelang. Die in Europa hochpreisig angebotenen Fairybags kamen als das an, was sie sind: authentische, zugleich ungewöhnlich künstlerische wie nützliche Produkte.

Neben den Fairybags sollen nun noch viele andere Abury-Produkte entstehen, die nach derselben Philosophie traditionelle Kulturwerte von ins Abseits geratenen Kulturvölkern zu einer Quelle angemessener Wertschöpfung für diese Völker werden lassen. Damit gewinnt auch der Westen etwas zurück, was er weitgehend verloren hat: den Bezug zu Authentizität, der wirklich nachhaltigen Quelle von Zufriedenheit.

Im Sinne seiner Zielsetzung wird Abury als nächstes eine enge Kooperation mit Bibi Russell starten. Russell war das erste Topmodel, das aus einem Land der so genannten Dritten Welt kam. Sie setzte ihren Ruhm und ihre Kontakte dazu ein, in ihrem Heimatland Bangladesch sowie in Indien mehreren 10.000 Frauen Arbeit zu geben. Ihr Versuch, die alte hohe Webkunst wieder mit angemessener Wertschöpfung zu verbinden, erzielte in den vergangenen 20 Jahren zahlreiche Erfolge, aber auch immer wieder Rückschläge durch die Versuche von Akteuren in der Textilindustrie, die Knüpferinnen in den Armutsregionen von Bangladesch und Indien wieder in stabile Ausbeuterverhältnisse zurückzudrängen. Die Kooperation von Abury und Bibi kann hier hoffentlich einen endgültigen Ausweg eröffnen.

## Dienstleister für Social Entrepreneurs

Entscheidend für die rasche Entwicklung einer breiten Social Innovation Kultur ist ferner die Entstehung einer Infrastruktur von Einrichtungen, die Social Innovators und Social

Entrepreneurs auf ihren mutigen und ambitionierten Wegen wirkungsvoll unterstützen.

Glücklicherweise ergab sich hier eine sehr hilfreiche Dynamik in einem Teil der Wirtschaft: Erfolgreiche Unternehmer und Führungskräfte aus der Wirtschaft suchten nach einer neuen Lebenserfüllung jenseits der Logik der klassischen Wirtschaft, die mit ihrer einseitigen monetären Wachstumsorientierung zunehmend auch ihre eigenen Spitzenkräfte nicht mehr befriedigen konnte. Viele von ihnen fanden ihre neue Sinnerfüllung im Engagement für Social Innovations und Social Impact Businesses. Einige gründeten selbst Social Impact Businesses und nicht wenige engagierten sich auf der Ebene von Organisationen und Unternehmen, die Infrastrukturleistungen erbringen für die Pioniere auf dem Feld der ökosozialen Herausforderungen. Die beiden Bereiche Finanzierung und mediale Kommunikation seien hier näher beleuchtet.

## Bewegung in der Finanzwelt

Der Klassiker der Förderung in der Welt der Social Innovations ist die temporäre Freistellung von besonders innovativen und potenzialreichen Social Entrepreneurs von der Sorge um ihre eigene Finanzierung. Nach diesem Konzept arbeitet Ashoka seit seiner Gründung. Die Ashoka Fellows erhalten für jeweils drei Jahre eine Art Stipendium, mit dem sie ihren Lebensunterhalt finanzieren können. Sie sollen dieses Privileg dazu nutzen, mit Hilfe eines Beraternetzes, das von Ashoka aufgebaut wurde und laufend weiterentwickelt wird, ihre Social Innovation zu einer nachhaltigen Finanzierung und Skalierung zu führen. Mit diesem Ansatz schuf Ashoka die Grundlage für eine weltweite Social Entrepreneurship Bewegung, von der nun immer mehr Förderwillige profitieren.

Dasselbe Anliegen verfolgt BonVenture, ein Social Venture Capital Unternehmen in München, das von einigen vermögenden Familien mit Kapital ausgestattet wurde, um damit Social Entrepreneurs in ihrem Wachstumsprozess zu finanzieren. Dies setzt jedoch voraus, dass ein Social Entrepreneur bereits so weit ist, Geld für ein belastbares Social Business Modell zu brauchen, also an der Schwelle dazu steht, selbsttragend arbeiten zu können. BonVenture ist damit keine Lösung für alle Social Entrepreneurs, sondern nur für eine eher kleinere Gruppe unter diesen. Dasselbe gilt für den Social Venture Fund, den der junge IT-Unternehmer Johannes Weber 2010 gemeinsam mit den erfahrenen Unternehmerinnen Monika Roell und Sylvie Mutschler ins Leben rief. Auch sie haben sich auf Wachstumsfinanzierungen für Unternehmen von Social Entrepreneurs fokussiert, die bereits selbsttragend funktionieren.

Neben diesen eher klassischen, aber dennoch sehr wertvollen Finanzierungsmodellen für Social Entrepreneurs entstehen weitere Konzepte. Der Wirtschaftsprüfer André Le Prince entwickelte beispielsweise Social Business Fonds auf der Grundlage von Genossenschaften, an denen sich viele Menschen beteiligen können. Die ersten dieser Art sind der von Maximilian Gege initiierte B.A.U.M.-Zukunftsfonds, der African Social Business Fund, der insbesondere die Ausweitung der Mikrofinanzbank Kopeme in Westafrika finanziert, sowie der Vital Village Fund, über den Social Impact Business Projekte in Lateinamerika finanziert werden. Der von Michael Horbach und Andreas Korth initiierte Good Growth Fund geht im Rahmen einer ethischen Geldanlage einen anderen Weg: Er bietet dem Durchschnittsbürger, der vor allem an einer sicheren Geldanlage interessiert ist, die Möglichkeit, sich jeweils so weit in die Mitfinanzierung von Social Impact Businesses vorzuwagen, wie dies unter Risikominimierungsaspekten möglich ist. Bis zum Herbst 2011 weitete sich die Anlage in Mikrofinanzfonds innerhalb des Good Growth Funds immerhin bereits auf 25 Prozent aus.

Ein anderes Modell bieten Förderprogramme von Stiftungen. Immer mehr Stiftungen in Deutschland vollziehen derzeit eine Wende zur Förderung von Social Entrepreneurs, darunter bereits viele der großen deutschen Unternehmensstiftungen von BMW und Vodafone über Deutsche Telekom und Siemens bis zur Aldi-Stiftung Auridis. Diese geben Gelder für Social Entrepreneurs, die nicht oder noch nicht selbsttragend arbeiten, im Sinne von Zuschüssen zu ihrer Arbeit.

Ferner engagierten sich insbesondere auch Stiftungen dafür, dass die Bundesregierung im Herbst 2011 ein 30-Millionen-Euro-Förderprogramm für Social Entrepreneurs aufsetzte und in Verbindung damit ihre nationale Engagementstrategie änderte beziehungsweise um die Förderung des neuen Phänomens von Social Innovation und Social Entrepreneurship erweiterte. Mit diesen Geldern können unter anderem so genannte Social Engeneering Dienstleistungen gefördert werden, wie sie Norbert Kunz mit seinem Sozialunternehmen iq-consult anbietet: die Unterstützung bei der Generierung von Geldern aus diversen staatlichen Fördertöpfen und bei der Entwicklung von nachhaltigen Geschäftsmodellen für gesellschaftsdienliche Leistungen. Zum Konzept der Social Engeneering Unterstützung gehört für Norbert Kunz auch der Aufbau von Bürogemeinschaften, speziell für Social Entrepreneurs auf kommunaler Ebene, sogenannten Social Impact Hubs, in denen sie ihre Innovationen nicht alleine vorantreiben, sondern in einem Netzwerk mit anderen Social Entrepreneurs. In diesen Hubs erhalten sie permanent Angebote und Fortbildungen zur Weiterentwicklung ihrer Vision.

Eine weitere Variante der finanziellen Förderung für Social Entrepreneurs sind Investorenclubs, die sich bilden, um sich

gemeinsam nach geeigneten Projekten zur Förderung umzu-
sehen. Marianne Obermüller beispielsweise hat über die von
ihr gegründete Earthrise-Society einen Investorenclub zusammengeführt, der offen lässt, wie die Förderung im Einzelnen
aussieht; das Spektrum reicht von gespendeten Zuschüssen über Darlehen bis zu Investitionen. Analog dazu arbeiten
so genannte Venture Philanthropy Organisationen, die den
ursprünglichen Gedanken der Philanthropie weiterentwickelt
und ergänzt haben durch Instrumente, mit denen sie die von
ihnen geförderten Projekte in ihrem unternehmerischen Denken unterstützen.

Ergänzend zu diesen Entwicklungen entstehen Einrichtungen, die soziale Investoren bei der Identifikation von geeigneten Projekten unterstützen. Die erste Einrichtung dieser
Art in Deutschland ist Phineo. Sie wurde von der Bertels-
mann Stiftung initiiert und wird heute von mehreren nam-
haften Unternehmen in Deutschland unterstützt. Phineo ist
eine Art Ratingagentur für soziale Organisationen und bietet seine Dienstleistungen bewusst nicht nur Social Entrepreneurs, sondern auch Nichtregierungsorganisationen an. Der
unternehmerisch verantwortungsvolle Einsatz der Gelder ist
dabei eines der wichtigen Kriterien bei der Messung des Social
Impacts der Projekte.

## Bewegung an der Kommunikationsfront

Als der Vision Summit 2008 den Impuls von Social Business
im deutschsprachigen Raum in eine erste aufnahmebereite
Öffentlichkeit trug, reagierten sofort jene Medien, die sich
auf verwandte Themen wie Corporate Social Responsibility,
nachhaltige Entwicklung oder verantwortungsvolle Globa-
lisierungsgestaltung spezialisiert hatten, und nahmen Social
Business als neuen Schwerpunkt in ihr Themenspektrum auf.

Glocalist, ChangeX, Forum nachhaltig Wirtschaften und Stiftungsmagazine berichteten von nun an regelmäßig über Social Innovations, Social Entrepreneurs und Social Impact Businesses. Besonders hervorzuheben ist hier das Engagement von Fritz Lietsch mit seinem führenden Magazin für CSR, dem »Forum nachhaltig Wirtschaften«.

Gleichzeitig versammelte sich ein besonders ambitioniertes Blattmacherteam um Thomas Friemel zur Gründung eines neuen Magazins, das sich den Themenkomplex »Wirtschaft für den Menschen« auf die Fahnen schrieb und dieses Motto zum Untertitel seiner neuen Zeitschrift »enorm« machte. Das Team war überzeugt: Der Impuls, der von Social Business ausging und eine grundlegend neuartige soziale Bewegung in Gang brachte, verdiente allerhöchste journalistische und grafische Qualität. Sie fanden mit David Diallo, einem erfolgreichen deutschen IT-Unternehmer, einen mutigen Investor für den Start. Die erste Ausgabe von »enorm« erschien im Frühjahr 2010 mit einer Auflage von 80.000 Exemplaren, zunächst im Dreimonatsrhythmus, später alle zwei Monate. »enorm« gewann von der ersten Ausgabe an zahlreiche renommierte Preise und wurde immer wieder mit dem Image-Primus neuer ambitionierter Qualitätsmagazine, BrandEins, verglichen. Eineinhalb Jahre nach dem Start fand »enorm« einen starken Investor für den weiteren Ausbau.

Das Printmagazin war jedoch nur der Anfang einer weit umfassenderen Medienstrategie. Mit dem Vision Summit 2011 erfuhr der Onlinekanal »enorm TV« dank eines Sponsorings der Vodafone Stiftung und zahlreicher Video-Interviews mit Social Entrepreneurs deutlichen Auftrieb.

Eine weitere Projektidee entstand in der Nachanalyse des Genisis Instituts über den Stand der Social Impact Bewegung nach dem Vision Summit 2011. Diese Bewegung hat eine innere Stärke erlangt, die danach ruft, alle engagierten

Menschen im deutschsprachigen Raum und letztlich weltweit mit diesem neuen Denken zu erreichen und die allen Engagierten in allen Sektoren der Gesellschaft eine neue Plattform der interaktiven Kommunikation bietet. David Diallo nahm es in die Hand, auch hierfür wieder die richtigen Partner und Macher zu finden.

Die Anzeichen für einen Durchbruch der bisherigen Impulse von Social Entrepreneurship, Social Innovation und Social Impact Business zu einer großen Social Impact Bewegung sind vielfältig und hoffnungsvoll. Der wichtigste aller Bereiche, dem bei diesem Durchbruch voraussichtlich eine Schlüsselrolle zukommen wird, wurde jedoch noch nicht angesprochen. Der Bildung, konkreter dem beispielgebenden Durchbruch von Social Innovations in der Bildung, ist daher das letzte Kapitel dieses Buches gewidmet.

Der Bildungssektor ist aus mehreren Gründen der Schlüssel zum breiten Erfolg aller bisher angesprochenen Konzepte und Entwicklungen:

Erstens existiert kein Bereich in Deutschland, in dem in den vergangenen zwei bis drei Jahren mehr Social Entrepreneurs auftauchten. Dies spricht für den von vielen innovationsstarken Persönlichkeiten gleichzeitig erkannten dringenden Handlungsbedarf im Bildungsbereich. Der Pisa-Schock zeitigt damit endlich, mit großer Zeitverzögerung, Wirkung. Inzwischen hat Deutschland eine solche Vielzahl an Bildungsinnovatoren, dass sich damit eine starke Bildungsinitiative organisieren lässt.

Zweitens fand das plötzliche Auftauchen innovationsstarker Social Entrepreneurs in diesem Bereich eine ungewöhnlich starke Resonanz unter den großen deutschen Unternehmensstiftungen. Fast jede große Stiftung stieg in den Trend rund um die Bildungsinnovationen mit Förderprogrammen ein.

Drittens ist die Öffentlichkeit bei kaum einem anderen Thema hellhöriger und mobilisierungsoffener als bei der Bildung, weil in diesem Bereich die beste Aussicht besteht, die zahlreichen Probleme mit überzeugenden Lösungen überwinden zu können.

Viertens sind viele der von Bildungsinnovatoren entwickelten Konzepte so gestaltet, dass sie sehr schnell in großer Breite zur Umsetzung kommen und dadurch viele Bürger aktiv mit einbeziehen können. Eine Mobilisierung der Öffentlichkeit für Bildungsinnovationen erhält damit einen völlig anderen Charakter als eine Kampagne, die sich nur an politische Akteure und Kultusministerien richtet.

Fünftens kann und soll die im nächsten Kapitel angesprochene Bildungskampagne für sehr konkrete Konzepte werben, die Wege aufzeigen, wie Schüler lernen können, zu visionären und handlungskräftigen Social Innovators zu werden. Im nächsten Kapitel werden einige der bereits umgesetzten und sehr beeindruckenden Pilotprojekte vorgestellt, die von allen Schulen übernommen werden können. Die Voraussetzungen für einen schnellen gesamtgesellschaftlichen Einstieg in eine Social Innovation Kultur sind gegeben. Wie diese auf Hochschulebene aussehen kann, haben wir in diesem Kapitel bereits ausgeführt.

Sechstens kann für eine so gestaltete Bildungsinitiative auch die Wirtschaft als starker Partner gewonnen werden, denn motiviertere, kreativere und umsetzungsstärkere Absolventen, von der Hauptschule bis zu den Universitäten, sind für diese von fundamentalem Interesse. Da es sich der Stärkung von Kreativität, Verantwortungs- und Umsetzungskompetenz um Schlüsselkompetenzen handelt, die unsere Gesellschaft auch unabhängig von den Interessen der Wirtschaft braucht, kann die Unterstützung durch die Wirtschaft ohne weiteres so organisiert werden, dass unser Bildungssystem dadurch nicht in das Fahrwasser irgendwelcher partikularer Interessen gerät.

Aus all dem folgt: Der Bildungssektor ist der gesellschaftliche Bereich, in dem sich die Qualitäten von Social Innovation, Social Entrepreneurship und Social Impact am besten beweisen und bewähren können.

## 4 »It's the education, stupid!«
## Gelingt uns eine Bildungsrevolution?
## Von Education zu EduAction

Anfang der 1990er-Jahre führte insbesondere ein Satz den damaligen Außenseiter im US-Präsidentschaftswahlkampf Bill Clinton zum Sieg gegen George Bush senior: »It's the economy, stupid!« Clintons Slogan hallte damals durch alle Blätter und TV-Kanäle. Die Bevölkerung verstand: Nur durch eine erfolgreiche Belebung der Wirtschaft werden auch alle anderen Träume verwirklicht werden können, und dies kann sein Team besser als eine konservative Regierung. Wirtschaft als der einzige wirklich wichtige Bereich, diese Botschaft entsprach genau dem allgemein verbreiteten Denken jener Epoche in den meisten Ländern der Welt, aber vor allem in den Vereinigten Staaten von Amerika.

Heute würden weit weniger Menschen diesem Satz zustimmen. Unser Bewusstsein hat sich gewandelt und durch unsere kollektiven Erfahrungen weiterentwickelt. Heute würde jedoch möglicherweise der folgende, in nur einem einzigen Wort veränderte Satz eine ähnlich breite Zustimmung hervorrufen und damit einen positiven Frame freisetzen: »It's the education, stupid!«

Was ist ein Frame? Der amerikanische Sprachwissenschaftler George P. Lakoff geht seit vielen Jahren der Frage nach, wie das menschliche Denken strukturiert ist. Seine These lautet: Menschliches Denken erfolgt in Metaphern. Schlüsselmetaphern sind Bilder in unseren Köpfen, die unser Denken sofort in bestimmte Bahnen, sprich Frames, lenken. Wenn wir Formulierungen verwenden wie »Gewehr bei Fuß sein« oder »Zweifrontenkrieg« wird unser Denken auch dann in militärische Vorstellungsmuster gelockt, wenn diese Formulierungen in gänzlich nicht-militärischen Zusammenhängen zum Einsatz kommen. George Lakoff untersuchte speziell die Wirkung solcher Frames in gesellschaftspolitischen Auseinandersetzungen in den Vereinigten Staaten von Amerika. Konservative Kreise, so stellte Lakoff fest, verwenden besonders gerne militärische Metaphern, auch wenn sie beispielsweise über Fragen der Wirtschaftspolitik sprechen. So gruppierten sich um wirtschaftliche Schlüsselbegriffe wie »Freihandel« plötzlich wie zwangsläufig Begriffe wie »verteidigen« und so weiter. Mit militärischen Metaphern lassen sich leichter Freunde und Feinde unterscheiden, Werte, für die es sich zu kämpfen lohnt, von jenen, die bekämpft werden müssen, Mobilisierungen organisieren und differenziertes Denken verhindern. Es geht dann immer schnell um alles oder nichts. So gelang es in den USA beispielsweise, zu Themen wie Steuern oder Sozialstaat militaristische Feindbilder aufzubauen, die für kontinentaleuropäische Gemüter kaum nachvollziehbar sind. Umgekehrt wurden Begriffe wie Weltmarkt oder Freihandel in den Status von religiösen Grundwerten erhoben, die es mit allen Mitteln, inklusive globaler Kreuzzüge, zu verteidigen gilt. »It's the economy, stupid!« gehört in diese Welt der militaristisch angehauchten Frames. Bill Clinton spießte dabei in rüdem, herabsetzendem Ton die etwas eingerostete Wirtschaftskompetenz der Konservativen auf und stellte sich mit einem hochkarätig besetzten Wirtschaftsexpertenteam an die Spitze des damals sehr einseitig wirtschaftsliberalen Zeitgeists. Er gewann, trug aber mit seinem radikal neoliberalen Denken ebenso wie sein Nachfolger dazu bei, dass sein Land heute mit der größten Wirtschafts- und Gesellschaftskrise seit einem Jahrhundert konfrontiert ist.

Was unsere Gesellschaft in unserem Land und letztlich alle Gesellschaften weltweit heute brauchen, ist ein positiver Frame, eine visionäre Metapher, die die positiven, kreativen und unternehmerischen Kräfte aller Menschen freisetzt, die sie als Bürger beziehungsweise Bürgen für eine lebendige und zukunftsfähige Welt auffasst und fördert, die sie von autoritärer Bevormundung befreit und sie als mündige Bürger in die große gemeinsame Verantwortung einer guten wirtschaftlichen, sozialen und ökologischen Entwicklung einlädt. Diese positive Leistung ermöglicht vor allem eine gute Bildung. Daher muss der neue Frame diesem Ziel Ausdruck und Kraft geben. Er muss Bildung ins Zentrum rücken im Sinne von »It's the education!«, aber er muss auch den Impuls setzen für eine zeitgemäße Bildung, für eine grundlegende Veränderung von Bildung und für fundamentale Bildungsinnovationen. Er muss über die Aussage, dass es immer die Bildung war und es für immer die Bildung bleiben wird, die uns bei der Entfaltung unserer menschlichen Potenziale weiterhilft, deutlich hinausgehen. Er muss uns zu einem Aufbruch, zu einer tiefgreifenden Neubeantwortung der Frage »Wie werden wir künftig lernen?« motivieren und mobilisieren.

## Höchste Zeit für Bildungsinnovatoren

Bevor wir uns auf diese Frage näher einlassen, bleiben wir noch kurz auf der Mobilisierungsebene: Wie könnten wir uns ein Bild, einen Frame, eine große gesellschaftsverändernde Kampagne vorstellen, die die gesamte Gesellschaft von der Notwendigkeit eines tiefgreifenden Wandels in unserem Bildungsverständnis und in unseren Bildungssystemen überzeugt?

Probieren wir es einmal mit folgendem Bild: Ein Vorschulkind sitzt vor einem etwas wellenförmig aufgereihten Arrangement von neun ausgeschnittenen Großbuchstaben, die sich für den erwachsenen Betrachter zu dem Wort »Education« sortieren. Doch der Gesichtsausdruck des Vorschulkindes verrät: Irgendetwas behagt ihm daran nicht. Es tauscht spielerisch die Reihenfolge zweier Buchstaben. Das C rückt an die Stelle des A, das A nimmt den bisherigen Platz des C ein. Das Kind schaut sich sein Werk an und wirkt zufrieden. Es hat ein neues Wort geschöpft und irgendetwas macht es dabei glücklich: »EduAction.«

Probieren wir es mit einer Variation dieses Bildes: Ein Student sitzt auf einer Parkbank auf dem Campus seiner Universität versonnen vor seinem iPad. Er soll sich über die verschiedenen Reformansätze in unserem Bildungswesen informieren und sich seine Gedanken dazu machen, braucht aber von dieser Aufgabe gerade etwas Abstand. Eher gedankenverloren schreibt er in großen Lettern Education quer über seine iPad-Oberfläche. Dann greift er mit zwei Fingern auf die Buchstaben C und A und vertauscht diese. Seine Gesichtszüge werden wieder wach. Er scheint auf eine interessante neue Idee gekommen zu sein und marschiert los, offensichtlich beseelt von »EduAction«.

Und noch ein drittes und an dieser Stelle letztes Bild: Vor dem Brandenburger Tor versammeln sich Schüler, einige Tausend an der Zahl. Ringsum stehen Dutzende von Kameras mit den bekannten Logos der großen Fernsehsender. Doch die Redner auf der etwas improvisiert wirkenden Bühne sind nicht aus der Riege der bekannten TV-Gesichter, sondern alles unbekannte Schüler aus Berliner Schulen. Einer tritt zum Mikrofon und beginnt: »Wir sind heute hier zusammengekommen, um ein Zeichen zu setzen. Ihr sollt wissen: Jedem Schüler hier ist klar, dass seine Zukunft – ebenso übrigens wie auch eure Zukunft, liebe Senioren –, davon abhängt, wie gut unsere Bildung sein wird und wie gut dadurch unsere Aussichten werden, unser Leben aktiv zu gestalten. Aber uns ist auch klar: Wenn so viele von uns Probleme mit der Bildung haben, so wie ihr sie uns vorsetzt, dann stimmt mit dieser Bildung wohl einiges nicht, denn wir sind ganz sicher nicht dümmer als ihr

es wart. Wir haben daraus eine Konsequenz gezogen: Wir denken ab sofort selbst darüber nach, welche Bildung wir brauchen und haben wollen. Erste Denkergebnisse werden Ihnen meine Kolleginnen und Kollegen hier auf dieser Bühne gleich präsentieren. Wir werden uns mit den Ergebnissen unseres Nachdenkens aktiv einmischen. Wir haben verstanden: Bildung muss viel lebendiger, viel aktiver werden. Also müssen wir selbst viel aktiver werden. Wir haben festgestellt: Überall dort, wo Schüler an ihren Schulen selbst Verantwortung für eine bessere Bildung übernommen haben, wurden diese Schulen besser und wurden ihre eigenen Leistungen besser. Uns ist aber auch klar: Die zukunftsgemäße Neufassung von Bildung können wir nicht alleine vordenken und erst recht nicht alleine umsetzen. Daher ist diese Veranstaltung keine Revolutionsandrohung, sondern eine Einladung an alle, an einer zukunftsfähigen Neufassung von Bildung mitzudenken und mitzuwirken. Wir wollen Education, aber in einer neuen Form: EduAction!«
Die Schüler auf der Bühne bauen im Anschluss an diese Worte Riesenbuchstaben zusammen zu einer Botschaft, die über fast die gesamte Breite des Brandenburger Tors zu lesen ist: »It's Time for EduAction!« In den Tagesthemen folgen diesen Bildern noch kurze Ausschnitte aus verschiedenen Statements von Schülern, wie sie sich die Bildung der Zukunft beziehungsweise die Bildung für ihre Zukunftsfähigkeit vorstellen.

Diese Bilder von zwei TV-Spots einer bundesweiten Bildungskampagne und einem Großevent auf dem Pariser Platz vor dem Brandenburger Tor in Berlin sind bislang nur Fantasie. Es wäre sehr zu wünschen, dass sie so oder ähnlich bald Wirklichkeit werden würden und Deutschland tatsächlich vor dem Beginn einer breiten Bildungsbewegung stünde.

Was braucht eine solche Bildungsbewegung und was steht dafür schon jetzt bereit innerhalb der sich rasch formierenden Social Innovation und Social Impact Bewegung?

## Innovationslabore für Bildungsinnovatoren

Die hier skizzierte Bildungsbewegung braucht Labore, die Bildungsinnovatoren in der weiteren Entfaltung ihrer Kreativität und insbesondere bei ihrer nachhaltigen und breiten Etablierung in der Gesellschaft unterstützen. Gleich mehrere solcher Labore entstanden seit 2010, zwei davon seien hier hervorgehoben.

### Das Social Lab Köln

Michel Aloui wählte für sein 2010 gegründetes Social Lab Köln eine Aussage von John F. Kennedy als Motto: »Es gibt nur eines, was auf Dauer teurer ist als Bildung: keine Bildung!« Mit diesem Gedanken machte sich Michel Aloui auf die Suche nach Social Entrepreneurs, die im Bereich Schule und Bildung innovative Projekte entwickelt haben und mit denen man die immer größer werdende Zahl von jungen Menschen, die den Bildungsanschluss mehr oder minder verloren haben, wieder zurückgewinnen kann für aktive persönliche Entwicklungsperspektiven innerhalb unserer Gesellschaft.

Zunächst stand der Gedanke im Vordergrund, durch die Bündelung solcher Bildungsinnovatoren an einem Ort, in einem Hub beziehungsweise Social Lab, besser erkennen zu können, welche Art von Unterstützung die Menschen am dringendsten brauchen, um diese dann für alle gleichzeitig organisieren zu können. Hierfür konnten sofort kompetente und tatkräftige Partner gefunden werden, darunter Kienbaum, Roland Berger, die Universität Köln sowie Ashoka, BonVenture und weitere Einrichtungen aus der Social Entrepreneurship Szene.

Aber schnell entstand eine erheblich weiter reichende Idee, die Idee der Bildungskette: Jedes der bildungsinnovativen

Projekte entwickelte seine Unterstützungsidee für eine bestimmte Altersstufe auf der Bildungsleiter. Wenn man diese einzelnen Projekte miteinander verknüpft zu einem Angebot, das von der Vorschule bis zum Berufsleben reicht, entsteht ein Netz, das Kindern und Eltern Unterstützung in jeder Lern- und Altersphase anbieten kann, bis die Defizite überwunden sind. Exemplarisch zeigte das Social Lab diese pädagogische und lernunterstützende Handreichungskette anhand der Partnerorganisationen, die es bis zum Sommer 2011 bereits gewonnen hatte:

> Die bereits beschriebene Eltern AG stärkt wirkungsvoll die Erziehungskompetenzen bildungsferner Eltern in der frühkindlichen Phase.

> In der Kita und Grundschule begeistert Science Lab die Kinder auf spielerische Weise und mit nachhaltigem Erfolg für die Naturwissenschaften und betreibt mit »Gewaltfrei lernen« wirksame Gewaltprävention.

> In der Hauptschule, in der Realschule, im Berufskolleg und im Gymnasium bietet das ebenfalls bereits vorgestellte Chancenwerk ein besonders authentisches und effektives Nachhilfesystem an – übrigens inzwischen nicht mehr nur für Schüler mit Migrationshintergrund, sondern für alle Schüler mit entsprechendem Bedarf –, während NFTE (Network for Teaching Entrepreneurship) Lehrer dazu fortbildet, bei ihren Schülern durch die Vermittlung von unternehmerischen Kompetenzen praktische Erfahrungen zu fördern, durch die sich weit mehr Menschen eine eigene unternehmerische Zukunft zutrauen als heute.

> Auf der Stufe der Berufsorientierung für Ausbildung und Studium stellen Die Komplizen Schülern Mentoren an die Seite, die ihnen bei der Wahl des für sie richtigen Weges helfen und sie bei der Erlangung der dafür notwendigen Fähigkeiten unterstützen.

> Das Projekt Einstieg wiederum ist im Bewerbertraining von Schülern aktiv und organisiert unter anderem Schülermessen zur Berufsorientierung.

> Die Projektfabrik, die erst kürzlich eine siebenstellige Förderung durch eine Unternehmenspartnerschaft mit J.P. Morgan erhielt, arbeitet an der Schwelle zwischen Schule und Beruf, vor allem aber mit langzeitarbeitslosen Jugendlichen. Schulabbrecher und arbeitslose Jugendliche werden mittels theaterpädagogischer Techniken befähigt, die Kraft für konkrete neue Schritte in die Ausbildungs- und Berufswelt zu finden.

> IQ-Consult verhilft Langzeitarbeitslosen durch ein ganzes Bündel von Maßnahmen, darunter auch Kleinkredite, zum Schritt in die Selbstständigkeit.

Der Ansatz der Bildungskette stößt auf starke Resonanz, nicht zuletzt auch in der Wirtschaft, weil dort händeringend qualifizierte Kräfte gesucht werden, während gleichzeitig jedes Jahr Zehntausende bis Hunderttausende Schulabgänger nicht mehr ausreichend auf die Berufswelt vorbereitet sind. Unsere Gesellschaft braucht daher neben tiefgreifenden neuen Konzepten im gesamten Bildungssystem ein komplementäres, neuartiges »soziales Netz« für alle, die in unserer klassischen Bildungswelt nicht die notwendige Förderung erhalten. Das Social Lab Köln versucht, aus der Welt der Social Entrepreneurs heraus ein Pilotprojekt »bildungssoziales Netz« zu generieren, mit dem Ziel, dass diese Erfahrungen in der Zukunft bundesweit skaliert werden können.

## Das Education Innovation Lab

Im Sommer 2011 initiierten Stephan Breidenbach und ich gemeinsam mit einer Reihe namhafter Bildungsinnovatoren die Gründung des Education Innovation Lab an der Humboldt-Viadrina School of Governance. Unser Gründungsteam bestand aus Heather Cameron, Ashoka Fellow für das Projekt »Box Girls« und Hochschullehrerin des Jahres, der »Bildungsrevolutionärin« Margret Rasfeld, dem »Weltreisenden zu besonders innovativen Bildungsprojekten« Sebastian Hirsch sowie den ersten Absolventen der Humboldt-Viadrina School of Governance im Bereich Bildungsinnovationen, Claudia Dikmans und Susanne Stövhase von »Nextlearning«.

Dieses Lab sieht einen seiner Schwerpunkte in der Wegbereitung von tiefgreifenden positiven Veränderungen in unseren Schulen. Voraussetzung hierfür ist die Identifikation von herausragenden Bildungsinnovatoren innerhalb der bestehenden Bildungssysteme, denen es gelungen ist, vorbildliche Veränderungen aus einem tiefen Verständnis einer zukunftsfähigen Bildung zu realisieren. Solche Vorbilder können am schnellsten und wirkungsvollsten zu nachhaltigen Veränderungen führen, wenn sie entsprechend erkannt, analysiert, dokumentiert und systemweit transferfähig weiterentwickelt werden. Die von Margret Rasfeld geführte Evangelische Schule Berlin-Zentrum ist ein solches Vorbild, das nachfolgend näher beschrieben wird. Anhand dieses Beispiels will das Education Innovation Lab die eigene Analyse-, Dokumentations-, Kommunikations-, Skalierungs- und Transferkompetenz erproben.

Darüber hinaus soll die Welt der Bildungsinnovatoren analysiert werden, um zu prüfen, welche Impulse sich daraus in die Bildungsdiskussion einbringen lassen und wie die Bildungsinnovatoren dabei unterstützt werden können, die Qualität und Wirksamkeit ihrer Innovationen weiterzuentwickeln.

Für die erstgenannte dieser beiden Zielsetzungen ereignete sich eine glückliche Fügung: Stephan Breidenbach wurde gebeten, den von Bundeskanzlerin Angela Merkel initiierten

Zukunftsdialog »Wie werden wir lernen?« zu koordinieren. Ergebnisse des Education Innovation Lab können hierin Verwendung finden.

Das Education Innovation Lab wird ferner maßgeblich das Programm des Schwerpunktthemas Bildung beim Vision Summit 2012 vorbereiten und seine Impulse über diesen Weg in die Bildungsdiskussion einbringen. Dasselbe gilt für das Bildungsfestival »Nextlearning«, das ebenfalls im Frühjahr 2012 stattfinden soll.

Ferner plant das Education Innovation Lab Studien zu der Frage, wie die Wirksamkeit vorhandener beispielgebender Bildungsinnovatoren in unserer Bildungslandschaft erheblich gesteigert werden kann. Für dasselbe Ziel wirkt das Lab an der genannten geplanten Bildungskampagne mit. Entscheidend für das Erreichen dieser Ziele wird der Aufbau eines starken Netzwerks herausragender Bildungsinnovatoren sein.

## Stell dir vor, es ist Schule und alle gehen begeistert hin

Eine kraftvolle Bildungsbewegung braucht neben Innovationslaboren für Bildungsinnovatoren ein Leuchtturmbeispiel, auf das man verweisen kann und das allen eine Vorstellung davon vermittelt, wie eine ganz neue Art von Schule aussehen kann. Die Pisa-Studie förderte eine solche Schule ans Tageslicht, die Helene-Lange-Schule in Wiesbaden, die als »beste Pisa-Schule Deutschlands« identifiziert wurde, obwohl – oder weil? – die Schulleiterin Enja Riegel tatsächliche und vermeintliche Regeln, wie Schule auszusehen habe, serienweise gebrochen hatte. Die Evangelische Schule Berlin-Zentrum, von Margret Rasfeld geleitet, ist noch verrückter, und viele sagen, noch viel besser.

Der renommierte deutsche Gehirnforscher Gerald Hüther beschäftigte sich in den vergangenen Jahren mit der Frage, was aus gehirnphysiologischer Sicht hirngerechtes Lernen bedeutet. Er schreibt: »Was für ein Gehirn ein Kind ›bekommt‹, hängt davon ab, wie und wofür es sein Gehirn benutzt. Bestimmt wird das allerdings nicht von all dem, was ein Kind in seiner jeweiligen Lebenswelt vorfindet, sondern durch das, was ihm davon für seine eigene Lebensbewältigung als besonders bedeutsam erscheint, wofür es sich also selbst begeistert.«

Als Grundlage für diese bemerkenswerte Aussage dient Hüther ein eindeutiger neurologischer Befund: Sobald ein Mensch sich für irgendein Thema oder Anliegen begeistert, reagiert sein Gehirn mit allergrößter Betriebsamkeit. Es produziert dann weit überdurchschnittlich jene Stoffe, die es auf neue Verknüpfungsleistungen vorbereiten. Das Gehirn wird auf der physiologischen Ebene quasi überaus neugierig auf neue Lerninhalte und Lernerfolge.

Eine zweite entscheidende Beobachtung von Hüther: »Zeitlebens sucht jeder Mensch nach Beziehungen, die es ihm ermöglichen, sich gegenseitig als verbunden und frei zu erleben. Nur wenn diese beiden Grundbedürfnisse gestillt werden können, ist ein Kind – und später ein Erwachsener – in der Lage, die in seinem Gehirn bereitgestellten vielfältigen Vernetzungsangebote auf immer komplexer werdende Weise zu nutzen und ein entsprechend komplexes Gehirn zu entwickeln.« Und noch eine dritte Beobachtung: »›Imitationslernen‹ bildet die Grundlage für die Weitergabe von Wahrnehmungs-, Bewertungs- und Verhaltensmustern (…). Durch solche Spiegelungen des Verhaltens von Vorbildern (…) lernen Kinder sehr schnell und außerordentlich effizient, wie sie sich verhalten müssen, um in die Gemeinschaft zu passen, in die sie hineinwachsen.«

Zusammengefasst heißt dies: Erstens, Vorbilder sind der Einstieg in eine steile Lernkurve, weil wir von diesen, insbesondere via Spiegelneuronen, am effizientesten und nachhaltigsten lernen. Festzustellen ist jedoch, dass unser heutiges Lernen die Bedeutung von Vorbildern sträflich vernachlässigt. Zweitens: Eine funktionierende Lern-Gemeinschaft liefert uns die beiden wichtigsten Treibstoffe für lebenslange offensive Lernfortschritte, nämlich sich einerseits verbunden zu fühlen mit anderen Menschen, mit der Welt, und andererseits sich frei zu fühlen, mit diesen Menschen und mit dieser verbundenen Welt Neues zu gestalten. Eine lebendige Gemeinschaft liefert beides, Verbundenheit und Freiheit, und beides zusammen potenziert sich wechselseitig. Drittens: Aufgaben, für die man sich begeistert und an denen man wachsen kann, versetzen jeden Menschen in einen Zustand allerhöchster Lernmotivation. Unser Gehirn ist programmiert auf das Lösen von Problemen, nicht auf die Aufnahme von isoliertem Wissen.

Hirngerechtes Lernen besteht demzufolge aus Vorbildern, Gemeinschaft und begeisternden Aufgaben. Wie kann eine Schule aussehen, die dies umsetzt? Im Frühjahr 2012 erscheint das Buch »EDUACTION – Kinder können mehr«, in dem ich gemeinsam mit Margret Rasfeld ausführlich darlege, wie diese Grundvoraussetzungen an ihrer Schule zur gelebten Realität wurden. Im Folgenden werden die grundlegenden Gedanken dieser Bildungsinnovation kurz skizziert. Gerald Hüther bezeichnete die Schule von Margret Rasfeld als die beste Umsetzung seiner Erkenntnisse über die notwendige Wende von einer Gesellschaft der Ressourcennutzung, die sehr viele Potenziale ungenutzt lässt, zu einer Gesellschaft der Potenzialentfaltung.

Für das neue zentrale Bildungsziel Vorbilder lädt Margret Rasfeld beispielsweise besondere Persönlichkeiten an ihre

Schule ein und lässt ihre Schüler mit einigen von ihnen gemeinsame Projekte realisieren. Ein Beispiel: Sie erreichte, dass ihre Schüler mit dem Friedensnobelpreisträger Muhammad Yunus zusammenkommen durften. Die Schüler bereiteten Fragen vor, die sie Yunus bei seinem Besuch stellten. Zudem war im Vorfeld bereits arrangiert worden, dass die Fragen der Schüler und die Antworten von Yunus in einem Jugendbuch über das Denken und Wirken des »Bankers für die Armen« veröffentlicht werden würden (Petra Schäfer-Timpner: Armut gehört ins Museum! Jugend im Gespräch mit Muhammad Yunus. Epubli Verlag). Die Schüler waren so begeistert von Yunus' Idee, dass sie inzwischen eine eigene Mikrofinanz-Schülerbewegung ins Leben gerufen haben.

Als Vorbild eignen sich jedoch keineswegs nur solch herausragende Persönlichkeiten wie Yunus. Schüler brauchen vor allem Kontakt zu den unzähligen »Helden des Alltags«, die nicht in den Medien erscheinen, von denen man aber eine Fülle an lebenspraktischen Erfahrungen anschaulich lernen kann. Wie gut diese Vorbilder in unsere Konzepte von Schule integriert sind, davon hängt unschätzbar viel ab.

Wie lernt man Gemeinschaft, und zwar so, dass Verbundenheit und Freiheit sich in ihr wechselseitig ergänzen und befördern?

In der Evangelischen Schule Berlin-Zentrum hat man erkannt, dass eine wesentliche Grundlage für eine gelingende Gemeinschaft die Etablierung einer »Kultur der Wertschätzung« ist. Regelmäßig treffen sich hier Schüler und Lehrer, um genau das zu pflegen: Sie sprechen sich gegenseitig ihre ganz konkreten Wertschätzungen füreinander in der Gemeinschaft aus. Dadurch fühlt sich jeder Schüler anerkannt, wertvoll und als Mitglied der Gemeinschaft. Ein Schüler formulierte dieses Miteinander einmal so: »Wir lieben uns zwar nicht alle in gleicher Weise, aber wir wissen, was wir aneinander haben.« Diese einfache Realität bedeutet beispielsweise eine Schule, die keine Probleme mit Gewalt kennt.

Eine andere Grundlage zur Bildung von Gemeinschafts-geist ist der Stellenwert, den Herausforderungen an dieser Schule erhalten. Anstelle der üblichen Klassenfahrten gegen Ende eines Schuljahres mit ein bisschen Abwechslung und Abenteuer stellen sich die Schüler hier echten Herausforde-rungen. Sie schlagen selbst vor, was sie gerne in kleinen Teams unternehmen wollen, beispielsweise mit dem Fahrrad in ein entlegenes Kloster fahren und dort das Klosterleben »live« miterleben, oder einen Ökobauernhof an einem Mecklen-burgischen See besuchen, um dort biologisch-dynamisches Landleben einmal hautnah zu erfahren. Sie organisieren diese Unternehmungen selbst und führen sie eigenständig durch – allerdings gibt es noch eine Erschwernis: Das Geld für diese Unternehmungen ist bewusst knapp bemessen, sodass sich die Schüler einiges einfallen lassen müssen, um die geringen Mittel möglichst sinnvoll einzusetzen. Zu Beginn eines neuen Schuljahres präsentieren die Schülerteams dann ihre Erfah-rungen bei einem »Campus Herausforderung«. Die Schüler sprechen von lebensprägenden Erfahrungen, an die sie sich für immer erinnern werden – und sie meinen dies im besten, positiven Sinne.

Und wie erlebt man »begeisternde Aufgaben, an denen man wachsen kann«? Diesen Bereich nennt Margret Rasfeld »Projekt Verantwortung«. Damit ist nicht gemeint, einfach nur eine bestimmte Zeit in einem sozialen Projekt zu verbrin-gen. Vielmehr geht es darum, Verantwortung für die Gestal-tung einer besseren Welt zu übernehmen und zu pionierhaften Akteuren zu werden, die nach innovativen Lösungen für bren-nende gesellschaftliche Probleme suchen. Diese Schule ist im besten Wortsinne und ohne Übertreibung eine Social Inno-vation Schule, wie die nachfolgenden Beispiele illustrieren werden. Im »Projekt Verantwortung« identifizieren die Schüler gemeinsam mit den Lehrern gesellschaftliche Herausforderungen, überlegen sich gemeinsam Antworten und setzen diese dann selbst um. – Hier seien einige dieser Projekte kurz dargestellt.

*Klimabotschafter.* Die Idee hierzu stammt nicht aus der Schülerschaft der Evangelischen Schule Berlin-Zentrum, sondern von einem Schüler aus Bayern, Felix Finkbeiner. Dieser rief die inzwischen weltweite Schülerinitiative »Plant for the Planet« ins Leben. Ihr Ziel: Schüler werden zu Klimabotschaftern ausgebildet, die dann öffentliche Vorträge halten, um Unternehmen, Politiker und Bürger dafür zu gewinnen, Hunderte von Millionen Bäume weltweit zu pflanzen als praktische Maßnahme gegen den Klimawandel. Die Evangelische Schule Berlin-Zentrum war die erste Schule, an der sich Schüler von Felix Finkbeiner zu Klimabotschaftern ausbilden ließen. Ihrerseits bildeten sie dann weitere 250 Schüler zu Klimabotschaftern aus. Sie verpflichteten sich, in Berlin mindestens 100.000 Bäume zu pflanzen, und setzten ihre Selbstverpflichtung vollständig um. Als Klimabotschafter werden Schüler der Evangelischen Schule Berlin-Zentrum heute in der gesamten Republik eingeladen, Vorträge zu halten, in Parlamenten, bei Unternehmensverbänden, bei großen internationalen Konferenzen. Sie berühren die Herzen der Hörer mehr als jeder noch so kluge Klimaaktivist. – Das Feedback der Schüler lautete: »Jetzt wissen wir, dass wir wirklich etwas erreichen können!«

*Sprachbotschafter.* Als die Schüler der Evangelischen Schule Berlin-Zentrum die öffentlichen Diskussionen über die Lernprobleme von Kindern mit Migrationshintergrund an der Rütli-Schule und vielen anderen Schulen mitbekamen, wollten sie sich auch hier etwas Wirkungsvolles einfallen lassen. Sie ließen sich zu Sprachbotschaftern ausbilden und engagierten sich dann in Grundschulen mit 80 Prozent und mehr Schülern mit Migrationshintergrund. Sie folgen dabei den modernen Ansätzen von Peer Education und Peer Coaching, das heißt, sie begleiten ein- bis zweimal pro Woche die Grundschüler der 1. bis 3. Klasse im Unterricht sowie beim Lernen und den Hausaufgaben, damit diese im Kontakt mit Muttersprachlern auf natürliche und effektive Weise lernen, gut mit der deutschen Sprache umzugehen. Genauso unterstützen die Sprachbotschafter auch Kinder, die keinen Hortplatz haben. Das Sprachbotschafter-Angebot kommt so gut an, dass die Schüler der Evangelischen Schule Berlin-Zentrum die vielen Anfragen inzwischen nicht mehr selbst bewältigen können. Somit dachten sie sich etwas Neues aus und bilden jetzt auch Schüler an anderen Schulen zu Sprachbotschaftern aus. Mit dem inzwischen eingeführten Train-the-Trainer-Prinzip, so haben sie sich vorgenommen, soll es durch ihren Einsatz in fünf Jahren bundesweit mindestens 3.000 Sprachbotschafter geben.

*Lehrerfortbildung durch Schüler.* Wer weiß am besten, wie man Lehrer fortbilden kann, damit sie ihre Schüler wieder motivieren können? Für die Schüler der Evangelischen Schule Berlin-Zentrum war die Antwort klar: Natürlich sie selbst, denn sie haben richtig großen Spaß am Lernen. Gesagt, getan: Sie konzipierten gemeinsam mit ihren Lehrern Fortbildungen für Lehrer anderer Schulen. Die Senatsverwaltung in Berlin erkannte diese ungewöhnliche Lehrerfortbildung auch formell an, weil sie das Potenzial dieses Ansatzes schnell erkannte. Binnen eines Jahres bildeten die Schüler mehr als 2.000 Lehrer aus – und kreierten damit en passant die größte Lehrerfortbildungseinrichtung in der Bundeshauptstadt. Das Feedback der Lehrer: Dies sei die beste Fortbildung, die sie je erlebt haben. Noch nie hätten sie so viel praktisch Verwertbares gelernt. Schüler gestalten Lehrerfortbildungen – ein ungewöhnlicher Gedanke und eine wirkliche Social Innovation. Wie bei allen Projekten des »Projekts Verantwortung« versetzt auch hier eine Beobachtung alle Beobachter von außen in Staunen: Wie können Schüler nur so selbstsicher sein und so selbstbewusst auftreten, ganz so, als wären sie routinierte Erwachsene? Viele Lehrer, die diese Lehrerfortbildung mitgemacht haben, wollen inzwischen genauer erfahren, was diese Schule sonst noch alles anders macht als die meisten anderen Schulen. Der Bedarf nach Antworten auf diese Herausforderung ist groß.

*Blue Economy Schule.* Das Konzept der Blue Economy, des Lernens von der Natur für zukunftsfähige Lösungen unserer ökologischen und sozialen Herausforderungen, haben wir bereits kurz dargestellt. Als dessen Erfinder Gunter Pauli die Evangelische Schule Berlin-Zentrum besuchte, war sofort klar: Diese Schule will die erste Blue Economy Schule in Deutschland werden. Gunter Pauli hat glücklicherweise reihenweise Kinderbücher verfasst, in denen er Kindern und Jugendlichen die Naturzusammenhänge auf ganzheitliche Weise nahebringt und sie dadurch anregt, viele kreative Projekte auf der Grundlage von Naturgesetzen praktisch umzusetzen.

*Design Thinking Schule.* Einige Schüler der Evangelischen Schule Berlin-Mitte nahmen an einem Design Thinking Workshop der School of Design Thinking in Potsdam teil. Danach wollten sie diese Methode unbedingt auch an ihre Schule tragen. Sie erkannten sofort die immensen Chancen für ihre Schule und für ihre eigene persönliche Entwicklung. Design Thinking ist im Kern eine Beratungsmethode. In einem Teamprozess lernen die Teilnehmer sich ergebnisoffen und zugleich ergebnisorientiert miteinander zu beraten, um zu kreativen Lösungen zu kommen. Wie könnten Schüler besser auf eine Welt vorbereitet werden, in der sie ständig vor der Aufgabe stehen werden, neue Herausforderungen gut zu meistern? Die Schule gewinnt durch diese Entwicklung, weil sie generell und innerhalb des »Projekts Verantwortung« auf noch systematischere Weise noch kreativere und wirksamere Lösungen auf gesellschaftliche Herausforderungen entwickeln kann. Und diese Schule verwirklicht damit einen Traum von Hasso Plattner, der sich gewünscht hatte, dass Design Thinking auch Eingang in unsere Schulen finden würde. Ein in Potsdam ausgebildeter Design Thinking Trainer arbeitet inzwischen an der Evangelischen Schule Berlin-Zentrum, um diesen neuen Geist in vielfältiger Weise in den Schulalltag zu integrieren. Die Schüler möchten Design Thinking nicht nur für die weitere Verbesserung ihrer Schule und der Programme des »Projekts Verantwortung« einsetzen, sondern Design Thinking auch für Unternehmen anbieten. Sie sind der Überzeugung, dass Unternehmen mit Design Thinking mehr lernen, wenn Schüler dabei sind.

Natürlich drängt sich bei derart vielen »schulfremden Freizeitangeboten«, wie manche konservativen Anhänger unserer bisherigen Schulen das hier Beschriebene nennen könnten, die Frage auf, welche klassischen Leistungen die Schüler neben ihrem Engagement denn erbringen, sprich, wie ihre Noten aussehen. Die Antwort darauf ist einfach. Wie auch an der Helene-Lange-Schule erzielen die Schüler an der Evangelischen Schule Berlin-Zentrum deutlich überdurchschnittliche Noten. Aber dies kann nur jemanden verwundern, der noch nicht verstanden hat, dass unsere Gesellschaft, unsere Wirtschaft und nicht zuletzt das Glück unserer Kinder etwas anderes brauchen als das, worunter schon wir in der Schule gelitten haben, nämlich Wissen zu pauken anstatt zu lernen, Wissen selbst praktisch anzuwenden.

Forscher, die sich mit der Entwicklung der grundlegenden Trends in unserer Welt befassen, haben längst erkannt: Das

136

Zeitalter der Spezialisten neigt sich dem Ende zu. Die Zukunft erfordert hohe Flexibilität und die Fähigkeit, sich rasch und tief in immer wieder neue Herausforderungen einzuarbeiten. Der Zugang zu dem dafür jeweils erforderlichen Wissen ist im Internetzeitalter längst nicht mehr der Engpass. Der Engpass ist heute der Zugang zu breiter Potenzialentfaltung. Um die Kinder, für die dieser Zugang früher und besser eröffnet wurde, brauchen wir uns keine Sorgen zu machen, weder in Bezug auf ihre »schulischen« Leistungen noch in Bezug auf ihre Lebenstauglichkeit in einer sich verändernden Zukunft.

## Eine Bildungsversicherung als Kollektiv-Versicherung?

Was wäre noch besonders hilfreich für den Erfolg einer neuartigen Bildungsbewegung, die unsere Gesellschaft für Bildungsinnovationen und darüber hinaus letztlich insgesamt für eine breite Social Innovation Kultur aufschließt? Wie wäre es, wenn wir uns dazu für völlig neuartige Konzepte öffnen würden, analog zu der Neuartigkeit einer Bank in Bangladesch, die mit vollem Ernst eine Form des Bankings entwickelt, die Hunderten von Millionen Armen in der Welt eine echte Chance zum Ausstieg aus dem Armutskreislauf eröffnet? Wie wäre es beispielsweise mit einer Versicherung, die sich in unseren Breitengraden der Idee einer Art »Bildungsversicherung für das Recht auf beste Bildung für alle« mit derselben Ernsthaftigkeit nähern würde? Genau solche Rulebreaker brauchen wir, wenn wir unsere Bildung auf ein zukunftstaugliches Niveau bringen wollen.

Im Sommer 2010 hielt ich bei den Executive Days des Trendforschers Sven Gabor Janszky einen Impulsvortrag über Social Business. Das Thema dieses Treffens von 50 CEOs und anderen Führungskräften aus der Wirtschaft war »Rulebrea-ker«. Social Business gehört sicher in diese Kategorie. Nach meinem Vortrag kam Peter Endres, der CEO des Unterneh-mens Ergo Direkt, auf mich zu und meinte, er sei sehr daran interessiert, sich mit mir über die Möglichkeit auszutauschen, dieses Denken in seinem Unternehmen anzuwenden. Ergo Direkt ist Teil der Ergo-Unternehmensgruppe und der größte Direktversicherer Deutschlands.

Peter Endres meinte, er habe bereits eine Idee. Tatsäch-lich war Ergo bei der Entwicklung eines neuen Produkts bereits sehr »regelbrecherisch« unterwegs. Mit einer Zahn-zusatzversicherung, mit der Ergo Direkt im Frühjahr 2011 an den Markt ging, brach dieses Versicherungsunterneh-men mit einer ehernen Regel der Versicherungswirtschaft: Es ermöglicht den Versicherungsabschluss, nachdem der Versi-cherungsfall bereits eingetreten ist. Die Regelung des Scha-dens erfolgt rückwirkend durch die Versicherung. Dies löst für all jene Menschen ein soziales Problem, für die die Bezah-lung eines Schadensfalls eine nicht lösbare Situation darstellt, zumal andere Versicherungen diese Menschen gar nicht mehr versichern würden. Dies ist also in gewisser Weise bereits ein Einstieg in das Social Impact Business Denken. Aber Peter Endres wollte mehr.

Einer seiner Mitarbeiter, Armin Molla, widmete sich nach diesem Gespräch in seiner Masterarbeit der Frage, wie Ergo Direkt den Impuls von Social Business für die Themenfel-der Gesundheit und Bildung speziell für Kinder aufgreifen könnte. Ein internes Team nahm parallel dazu dieselbe Frage in Angriff. Beim Vision Summit im April 2011 benannte Peter Endres die Zielsetzung der Social Impact Business Überlegun-gen von Ergo Direkt: Echte Chancengleichheit in Deutsch-land in Form des Zugangs zur bestmöglichen medizinischen Versorgung und gleiche Bildungschancen für alle Kinder.

Diese Ziele sollten ganz im Sinne von Yunus erreicht werden durch entsprechende erschwingliche Leistungspakete und durch den Verzicht des Mutterunternehmens auf jegliche Gewinnerzielung. Peter Endres lud die über 1.000 Teilnehmer zum aktiven Mitdenken bei dieser Aufgabe ein, denn: »Es ist eine anspruchsvolle Aufgabe, die wir ohne Ihre Mitwirkung nicht meistern können.«

In der Tat ist es nicht leicht, sich in einem Land mit einem hoch ausdifferenzierten Sozialstaat und einem ebenso engmaschigen Regelungswerk für alle Sektoren der Gesellschaft ein Social Business eines Versicherungsunternehmens vorzustellen, das soziale Herausforderungen in den Bereichen Gesundheit und Bildung angeht. Der Verzicht auf jeglichen Gewinn bei einem derartigen Social Business, so betonte Peter Endres, sei dabei absolut kein Problem. Hier könne man problemlos dem Impuls von Yunus folgen. Die Frage sei allein, wie ein Versicherungsprodukt in Deutschland im Sinne eines Social Business gestaltet werden könne. Hierzu laufen die Bemühungen, aber man wollte mit ersten Schritten nicht warten, bis man ein richtiges Social Business entwickelt habe.

Was ist die eigentliche Fragestellung, wenn es darum geht, eine neue Qualität von Social Impact aus dem Engagement eines Versicherungsunternehmens in Deutschland zu generieren?

Versicherungen entstanden als Solidargemeinschaften. Man wollte sich solidarisch gegen Risiken absichern, die im Prinzip jeden in der Solidarversicherungsgemeinschaft treffen konnten, aber in der Regel nur wenige Versicherte trafen. Finanziert wird die Versicherung aus gleichen Beiträgen aller, die Betroffenen erhalten im Schadensfall eine Absicherung, die sie sich selbst nie hätten ansparen können.

Auf dieser Grundlage brachte ich die Frage auf, ob Risiken heute nicht anders bewertet werden müssten als vor 100 oder auch vor zehn, 20 Jahren. Bisher denken wir bei Risiken, die versichert werden können beziehungsweise sollen, zuerst an Individualrisiken. Für die Versicherung von Kollektivrisiken wie mangelnde Bildungschancen war bislang der Staat zuständig. Es gehörte zu seinen Aufgaben, für ein gutes Bildungssystem zu sorgen. Dies soll auch weiterhin so bleiben, aber man kann die Augen nicht davor verschließen, dass der Staat die Anforderungen, die heute in zentralen Feldern wie Bildung und Soziales an ihn gestellt werden, und für die er die Hauptlast der Verantwortung trägt, nicht mehr alleine bewältigen kann. Die Schlüsselmerkmale der Probleme des Staates in diesen Feldern haben nicht nur mit der wachsenden Finanzierungskluft zwischen den eigentlichen Anforderungen und den tatsächlichen Finanzierungsspielräumen zu tun, sondern in zunehmendem Maße auch mit der bis zu einem gewissen Grad systemimmanenten Trägheit, die staatlich-bürokratische Einrichtungen bei der Entwicklung von Social Innovations aufweisen.

Das höchste Risiko für eine Gesellschaft wie die deutsche ist es, im Bildungssektor nicht mehr mit den Anforderungen einer hoch dynamischen Weltgesellschaft mithalten zu können. Dieses Risiko betrifft nicht nur die unmittelbar betroffenen Jugendlichen, die keinen aktiven Platz in der Arbeitsgesellschaft mehr finden. Vielmehr ist die gesamte Gesellschaft davon fundamental betroffen durch das Risiko einer schrumpfenden gesamtgesellschaftlichen Wirtschaftsleistung, durch die damit verbundene stetig schwindende Finanzierbarkeit gesellschaftlicher Leistungen, durch wachsende soziale Spannungen und deren Folgekosten und vieles mehr.

Diese Risiken sind Kollektivrisiken, bei denen die ganze Gesellschaft im besten Eigeninteresse dabei mitdenken und mitwirken sollte, wirkungsvolle Lösungen zu suchen, um sich kollektiv gegenüber solchen Risiken abzusichern. Die

Gesellschaft sollte dabei über bessere staatliche Lösungen nachdenken, aber eben keineswegs mehr *nur* über bessere staatliche Lösungen. Konzepte, die eine solche Risikoabsicherung in besonderer Weise durch gesellschaftlich-unternehmerische Wege leisten, kann man daher mit Fug und Recht als Kollektivversicherungen oder Solidarversicherungen bezeichnen. Insbesondere die Versicherungen sind gefragt, über Konstrukte einer solchen neuen Art der Solidarversicherungen nachzudenken. Im Zentrum muss dabei der Social Impact stehen, also ein zeitgemäßer, anforderungsgerechter und möglichst wirkungsvoller Impact in Richtung Problemlösung.

Angenommen, es lässt sich dabei, zumindest kurzfristig, keine Social Business Lösung nach der Definition von Muhammad Yunus entwickeln, also keine unternehmerisch selbsttragende Lösung. Kann es dann eine anders geartete selbsttragende Lösung geben? Wenn keine selbsttragende Konstruktion möglich ist, also kein Social Business Joint Venture wie jenes zwischen Grameen und Danone, das zwischen einem reinen Sozialunternehmen und einem klassischen Unternehmen besteht, dann kann es stattdessen eine andere wertvolle Konstruktion geben, die man als Social Impact Joint Venture bezeichnen könnte.

Diese Begrifflichkeit führen wir für ein neues Konstrukt ein, nämlich für Kooperationen zwischen einem klassischen Unternehmen und einer gemeinnützigen Einrichtung mit dem Ziel, besondere Stärken der beiden Partner so miteinander zu kombinieren, dass sich daraus ein neues stark problemlösendes Moment in der Gesellschaft ergibt.

Wie könnte dies in Form einer Solidarversicherung gegen das Kollektivrisiko durch gravierende Bildungsdefizite breiter Gesellschaftsschichten aussehen? Ein Unternehmen wie Ergo Direkt verfügt über eine Kundenzahl im siebenstelligen, das Gesamtunternehmen Ergo sogar im achtstelligen Bereich.

Eine bereits stark risikomindernde Idee wäre, diese Kunden durch das Unternehmen Ergo oder Ergo Direkt offensiv dafür zu gewinnen, sich ehrenamtlich für Nachhilfe oder ähnliche soziale Leistungen für Schüler mit entsprechendem Bedarf zu engagieren. Ein oder mehrere Partner aus dem gemeinnützigen Bereich stellen sicher, dass die engagementbereiten Ergo-Kunden dafür auch die erforderliche Ausbildung und Begleitung erhalten. Ergo wiederum könnte seine Kunden zudem darauf ansprechen, die für eine professionelle Betreuung erforderlichen Leistungen, wie beispielsweise ein entsprechendes Coaching der Ehrenamtlichen durch nachhilfeerfahrene Experten, mit minimalen Spendenbeiträgen zu finanzieren.

Spenden sind natürlich kein Social Business Modell. Spenden sind aber auch in Zukunft höchst willkommen und sinnvoll, wenn und solange für dringende soziale Herausforderungen kein funktionierendes Social Business Modell gefunden werden kann. Spenden können jedoch in der hier skizzierten Form eines Social Impact Joint Ventures sehr wohl eine neue Form von »Versicherung«, von kollektiver »Solidarversicherung« darstellen, wobei man diese Begriffe in Anführungszeichen setzen sollte um klarzustellen, dass es sich hierbei nicht um eine Versicherung im klassischen Wortsinn handelt. Dennoch ist dieses Konzept eine »Versicherung« in einem sehr sinnvollen anderen Sinn: Es ist eine »Solidarversicherung« im Sinne eines Social Impact Joint Ventures zwischen einem Unternehmen und einer gemeinnützigen Einrichtung. Wenn dieser Social Impact Impuls durch Ergo Direkt pionierhaft umgesetzt und dann durch andere Unternehmen für analoge oder andere soziale Aufgaben nachgeahmt wird, hat das Konzept von Social Impact Joint Ventures das Potenzial, in Deutschland Hunderttausende bis zu Millionen Menschen zusätzlich zu höchst sinnvollem ehrenamtlichen Engagement zu mobilisieren und Hunderte von Millionen Euro zusätzlich für deren professionelle Ausbildung und Begleitung zu generieren. Der Ansatz von Social Impact Joint Ventures, der aus dem Anliegen geboren wurde, den Social Business Impuls auch auf europäische Verhältnisse anwendbar zu machen, sollte also auf jeden Fall umgesetzt werden.

Bei Abschluss des Manuskripts zu diesem Buch konnte noch nicht final festgelegt werden, welche Form das intendierte Engagement von Ergo bzw. Ergo Direkt annehmen wird. Es spricht jedoch alles dafür, dass mit dem Engagement des Versicherungsunternehmens der Versuch, den Jahrhundertimpuls des Friedensnobelpreisträgers Muhammad Yunus für mitteleuropäische Verhältnisse zu adaptieren, ein bedeutsamer Durchbruch erreicht werden wird. Ob dieser Durchbruch im Sinne eines Social Impact Joint Ventures, eines Social Businesses oder beider Versionen erzielt wird, muss sich noch zeigen.

# Schlusswort

Zum Wesen von Innovationsentwicklungen im Allgemeinen und zu Social Innovations im Besonderen gehört das Risiko, dass nicht jedes Vorhaben und jede Ambition gleich im ersten Anlauf klappt. Die Erfahrungen der noch sehr jungen Geschichte von Social Innovation, Social Entrepreneurship und Social Impact Business geben jedoch zu größten Hoffnungen Anlass, dass diese frischen Impulse unser Land und die gesamte Welt mindestens ebenso grundlegend verändern werden wie die Ökobewegung und dass das Social Impact Zeitalter mit den bisher bereits kreierten innovativen Lösungen mindestens ebenso wunderreich wird wie das Zeitalter der technischen Innovationen.

Die Faktoren, die darüber entscheiden, wie schnell, in welcher Qualität, mit welchen Problemen und welchen Problemlösungen sich diese neue Kultur entfalten wird, hängen von uns allen ab. Mein Aufruf zum Schluss lautet daher: Suchen Sie alle den Ihnen gemäßen Einstieg in diese faszinierende neue Welt der Mitbestimmung, damit wir alle möglichst bald die vielfältigsten persönlichen und gesellschaftlichen Früchte dieses Paradigmenwechsels ernten können.

# Literatur

Alt, Franz: Die Sonne schickt uns keine Rechnung. Neue Energie – neue Arbeitsplätze. München 2005

Alt, Franz: Sonnige Aussichten. Wie Klimaschutz zum Gewinn für alle wird. Gütersloh 2008

Alt, Franz / Spiegel, Peter: Gute Geschäfte. Humane Marktwirtschaft als Ausweg aus der Krise. Berlin 2009

Alt, Franz / Gollmann, Rosi / Neudeck, Rupert: Eine bessere Welt ist möglich. Ein Marshallplan für Arbeit, Entwicklung und Freiheit. München 2005

Anderson, Chris: The Long Tail. Nischenprodukte statt Massenmarkt. Das Geschäft der Zukunft. München 2009

Annan, Kofi: Brücken in die Zukunft. Ein Manifest für den Dialog der Kulturen. Frankfurt/M. 2001

Beck, Ulrich: Schöne neue Arbeitswelt. Vision: Weltbürgergesellschaft. Frankfurt/M. 2007

Beck, Ulrich: Weltrisikogesellschaft. Auf der Suche nach der verlorenen Sicherheit. Frankfurt/M. 2007

Bergmann, Frithjof: Die Freiheit leben. Freiamt 2005

Bödeker, Sebastian / Moldenhauer, Oliver / Rubbel, Benedikt: Wissensallmende. Gegen die Privatisierung des Wissens der Welt durch »geistige Eigentumsrechte«. Hamburg 2005

Bolz, Norbert: Profit für alle. Soziale Gerechtigkeit neu denken. Hamburg 2009

Bornstein, David: Die Welt verändern. Social Entrepreneurs und die Kraft neuer Ideen. Stuttgart 2005

Bozesan, Mariana: The Making of Consciousness Leader in Business. An Integral Approach. San Francisco 2010

Brand, Jobst-Ulrich / Elflein, Christoph / Pawla, Carin / Ruzas, Stefan: Die Moral-Macher. Erfolgreiche Manager mit Gewissen und was man von ihnen lernen kann. München 2010

Brown, Tim/Wyatt, Joyceline: Design Thinking for Social Innovation. Stanford Social Innovation Review, Winter 2010

Covey, Stephen R.: The Speed of Trust. The One Thing that Changes Everything. Detroit 2006

Csikszentmihalyi, Mihaly: Flow. Das Geheimnis des Glücks. Stuttgart 2002

de Soto, Hernando: Freiheit für das Kapital! Warum der Kapitalismus nicht weltweit funktioniert. Mit einem Vorwort von Lothar Späth. Berlin 2002

Diamond, Jared: Kollaps. Warum Gesellschaften überleben oder untergehen. Frankfurt/M. 2005

Druyen, Thomas: Goldkinder. Die Welt des Vermögens. Hamburg 2007

Dürr, Hans-Peter: Auch die Wissenschaft spricht nur in Gleichnissen. Die neue Beziehung zwischen Religion und Naturwissenschaften. Freiburg 2004

Elkington, John/Hartigan, Pamela: The Power of Unreasonable People. How Social Entrepreneurs Create Markets That Change the World. Foreword by Klaus Schwab. Boston 2008

Erhard, Ludwig: Wohlstand für alle. Nachdruck. München 2009

Faltin, Günter: Kopf schlägt Kapital. Die ganz andere Art, ein Unternehmen zu gründen. Von der Lust, ein Entrepreneur zu sein. Carl Hanser, München 2008

Felber, Christian: Gemeinwohl-Ökonomie. Das Wirtschaftsmodell der Zukunft. Wien 2010

Fischer, E. P./Wiegandt, K. (Hrsg.): Die Zukunft der Erde – was verträgt unser Planet noch? Frankfurt/M. 2006

Florida, Richard: Reset. Wie wir anders leben, arbeiten und eine neue Ära des Wohlstands begründen werden. Frankfurt/M. 2010

Fransen, Boris; Scholten, Peter: Handbuch für Sozialunternehmen. Amsterdam 2008.

Freedman, David H.: Falsch! Warum uns Experten täuschen und wie wir erkennen, wann wir ihnen nicht trauen sollten. München 2010

Friedman, Thomas L.: Die Welt ist flach. Eine kurze Geschichte des 21. Jahrhunderts. Frankfurt/M. 2006

Friedman, Thomas L.: Was zu tun ist. Eine Agenda für das 21. Jahrhundert. Frankfurt/M. 2008

Galbraith, J. K.: Die Ökonomie des unschuldigen Betrugs – Vom Realitätsverlust der heutigen Wirtschaft. München 2004

Gamper, Jwala; Gamper, Karl: Es ist alles gesagt. Jetzt braucht es Beispiele. Wie schön Wirtschaft sein kann. 22 Unternehmer/innen setzen Zeichen. Bielefeld 2007

Gege, Maximilian: Unterwegs zu einem ökologischen Wirtschaftswunder. Hamburg 2008

Genisis Institute: Social Impact Business. 25 Beispiele für die Verbindung von ökonomischen und sozialen Zielen. Berlin 2009

Genscher, Hans-Dietrich: Die Chance der Deutschen. München 2008

Giger, Andreas: Visionen. Alles mögliche war einmal unmöglich. Spielend visionäres Denken lernen. Frankfurt/M. 1992

Gladwell, Malcolm: Der Tipping-Point. Wie kleine Dinge Großes bewirken können. München 2007

Goeudevert, Daniel: Das Seerosen-Prinzip. Wie uns die Gier ruiniert. Köln 2008

Goleman, Daniel: EQ. Emotionale Intelligenz. München 1997

Goleman, Daniel: Kreativität entdecken. 3. Auflage. München 2003

Gore, Al: Angriff auf die Vernunft. München 2007

Gottwald, Franz-Theo / Fischler, Franz (Hrsg.): Ernährung sichern – weltweit. Ökosoziale Gestaltungsperspektiven. Hamburg 2007

Grassmann, Peter H.: Plateau 3. Zukunft vererben. Werteregulierte Marktwirtschaft und Bürgerdemokratie. Hamburg 2008

Hackenberg, Helga / Empter, Stefan (Hrsg.): Social Entrepreneurship – Social Business: Für die Gesellschaft unternehmen. Wiesbaden 2011

Händeler, Erik: Die Geschichte der Zukunft. Sozialverhalten heute und der Wohlstand von morgen – Kondratieffs Globalsicht. 8. Auflage. Moers 2011

Hardt, Michael / Negri, Antonio: Common Wealth. Das Ende des Eigentums. Frankfurt/M. 2009

Härthe, Dieter (Hg.): Senat der Wirtschaft – Denkanstöße 2012. Bonn 2011

Herbig, Jost: Im Anfang war das Wort. Die Evolution des Menschlichen. München 1984

Heuser, Uwe Jean: Humanomics. Die Entdeckung des Menschen in der
Wirtschaft. München 2008

Holzapfel, Jan/Lehmann, Tim/Spiecker, Matti: Expedition Welt. Vom
Abenteuer, sich zu engagieren. München 2008

Horx, Matthias: Anleitung zum Zukunftsoptimismus. Warum die Welt
nicht schlechter wird. Ein Pamphlet gegen Untergangsideologien, Panik-
publizisten, Apokalypsespießer und andere Angstgewinnler. Frankfurt/M.
2007

Horx, Matthias: Das Buch des Wandels. Wie Menschen Zukunft gestalten.
München 2009

Howaldt, Jürgen/Jacobsen, Heike: Soziale Innovation. Auf dem Weg zu
einem postmodernen Innovationsparadigma. Wiesbaden 2010

Humberg, Kerstin: Poverty Reduction through Social Business? Lessons
learnt from Grameen Joint Ventures. München 2011

Jackson, Tim: Wohlsstand ohne Wachstum. Leben und Wirtschaften in einer
endlichen Welt. München 2011

Jähnke, Petra/Christmann, Gabriela B./Balgar, Karsten (Hrsg.): Social
Entrepreneurship. Perspektiven für die Raumentwicklung. Wiesbaden 2011

Jánszky, Sven Gábor/Jenzowsky, Stefan A.: Rulebreaker. Wie Menschen
denken, deren Ideen die Welt verändern. Wien 2010

Karlberg, Michael: Beyond the Culture of Contest. From Adversalialism to
Mutualism in an Age of Interdependence. Oxford 2004

Khanna, Parag: Der Kampf um die Zweite Welt. Imperien und Einfluss in
der neuen Weltordnung. Berlin 2008

Koch, Hannes: Soziale Kapitalisten. Vorbilder für eine gerechte Wirtschaft.
Berlin 2007

Koch-Weser, Maritta/Jacobs, Wim (Hrsg.): Financing the Future.
Innovative Funding Mechanisms at Work/Zukunft finanzieren. Innovative
Finanzierungsinstrumente. Berlin 2007

Kretschmer, Winfried (Hg.): Soziale Innovation. Die unbekannte Welt der
Erneuerung. Dossier des Online-Mediums changeX. eBook München 2011

Küng, Hans: Anständig wirtschaften. Warum Ökonomie Moral braucht.
München 2010

Lakoff, George P.: Don't Think of an Elephant! Know Your Values and
Frame the Debate. The Essential Guide for Progressives. White River
Junction, Vermont, USA, 2004

Lakoff, George / Wehling, Elisabeth: Auf leisen Sohlen ins Gehirn. Politische Sprache und ihre heimliche Macht. 2., aktualisierte Auflage. 186 Seiten. Heidelberg 2009

Layard, Richard: Die glückliche Gesellschaft. Kurswechsel für Politik und Wirtschaft. Frankfurt/M. 2005

Lennick, Doug / Kiel, Fred: Moral Intelligence. Wie Sie mit Werten und Prinzipien Ihren Geschäftserfolg steigern. München 2006

Limberg, Axel: Das Plankton-Manifest. Wie ein neuer Rohstoff die Welt verändern wird. Hamburg 2007

Lovelock, James: Gaias Rache. Warum sich die Erde wehrt. München 2004

McCraw, Thomas: Joseph A. Schumpeter. Eine Biographie. Hamburg 2008

Meadows, Donella / Randers, Jorgen / Meadows, Dennis: Grenzen des Wachstums. Das 30-Jahre-Update. Signal zum Kurswechsel. Stuttgart 2006

Molla, Armin: Social Business. Reverse Social Innovation analog zu dem Modell von Muhammad Yunus – Möglichkeiten und Grenzen für die deutsche Versicherungswirtschaft. Master Thesis. Wiesbaden 2011

Monbiot, George: United People. Manifest für eine neue Weltordnung. München 2003

Münchau, W.: Vorbeben. Was die globale Finanzkrise für uns bedeutet und wie wir uns retten können. München 2008

Naisbitt, John: Mindset! Wie wir die Zukunft entschlüsseln. München 2006

Neirynck, Franz Josef: Der göttliche Ingenieur. Die Evolution der Technik. 3. Auflage. Renningen 1994

Nicholls, Alex (Hrsg.): Social Entrepreneurship. New Models of Sustainable Social Change. Oxford 2006

Pauli, Gunter: Neues Wachstum. Wenn grüne Ideen nachhaltig »blau« werden. Die Zeri-Methodik als Startpunkt einer Blue Economy. Berlin 2010

Pauli, Gunter: Zen and the Art of Blue. Die Verbindung der eigenen Lebensqualität mit dem Blauen Planeten Erde. Berlin 2011

Pauli, Gunter: Upcycling. Wirtschaften nach dem Vorbild der Natur für mehr Arbeitsplätze und eine saubere Umwelt. Vorwort von Ernst Ulrich von Weizsäcker. Nachwort von Fritjof Capra. München 1999

Pink, Daniel H.: Unsere kreative Zukunft. Warum und wie wir unser Rechtshirnpotenzial entwickeln müssen. München 2008.

Poostchi, Kambiz: Spuren der Zukunft. Vom Systemdenken zur Teampraxis. Berlin 2006

Prahalad, C. K.: Der Reichtum der Dritten Welt. Armut bekämpfen – Wohlstand fördern – Würde bewahren. München 2006

Prahalad. C. K. / Krishnan, M. S.: Die Revolution der Innovation. Wertschöpfung durch neue Formen in der globalen Zusammenarbeit. München 2009

Radermacher, Franz Josef: Balance oder Zerstörung. Ökosoziale Marktwirtschaft als Schlüssel zu einer weltweiten nachhaltigen Entwicklung. 4., vollst. überarbeitete Auflage. Wien 2005

Radermacher, Franz Josef: Global Marshall Plan. Ein Planetary Contract. Für eine weltweite Ökosoziale Marktwirtschaft. Hamburg 2004

Radermacher, Franz Josef / Beyers, Bert: Welt mit Zukunft. Die Ökosoziale Perspektive. 2., vollst. überarbeitete Auflage. Hamburg 2011

Rajan, Kaushik Sunder: Biokapitalismus. Werte im postgenomischen Zeitalter. Frankfurt/M. 2009

Rawls, John: Eine Theorie der Gerechtigkeit. Neuausgabe. Frankfurt/M. 2009

Reich, Robert: Superkapitalismus. Wie die Weltwirtschaft unsere Demokratie untergräbt. Frankfurt/M. 2008

Reitmeyer, Dieter: Unternimm dein Leben. Als Lebensunternehmer zu neuem Erfolg. München 2008

Riegel, Enja: Schule kann gelingen! Wie unsere Kinder wirklich fürs Leben lernen. Frankfurt/M. 2004

Rifkin, Jeremy: Access. Das Verschwinden des Eigentums. 3., erweiterte Auflage. Frankfurt/M. 2007

Rifkin, Jeremy: Die empathische Zivilisation. Wege zu einem globalen Bewusstsein. Frankfurt/M. 2010

Rifkin, Jeremy: Der Europäische Traum. Die Vision einer leisen Supermacht. Frankfurt/M. 2006

Ripsas, Sven: Entrepreneurship als ökonomischer Prozess. Perspektiven zur Förderung unternehmerischen Handelns. Wiesbaden 1997

Roubini, Nouriel / Mihm, Stephen: Das Ende der Weltwirtschaft und ihre Zukunft. Crisis Economics. Frankfurt/M. 2010

Rothkopf, David: Die Super-Klasse. Die Welt der internationalen Macht-elite. München 2008

Sabet, Huschmand: Globale Maßlosigkeit: Der (un)aufhaltbare Zusammen-bruch des weltweiten Mittelstands. Düsseldorf 2005

Sachs, Jeffrey D.: Das Ende der Armut. Ein ökonomisches Programm für eine gerechtere Welt. München 2005

Sachs, Jeffrey D.: Wohlstand für viele. Globale Wirtschaftspolitik in Zeiten der ökologischen und sozialen Krise. München 2008

Sachs, Wolfgang / Santorius, Tilman: Fair Future. Begrenzte Ressourcen und globale Gerechtigkeit. Herausgegeben vom Wuppertal Institut. 2. Auflage. München 2005

Schäfer, Ulrich: Der Crash. Warum die entfesselte Marktwirtschaft scheiterte. Frankfurt/M. 2009

Schäfer-Timpner, Petra: Armut gehört ins Museum! Jugend im Gespräch mit Muhammad Yunus. Mit Fotos von Roger Richter. Berlin 2009

Scheer, Hermann: Energieautonomie. Eine neue Politik für erneuerbare Energien. München 2005

Schumann, Harald / Grefe, Christiane: Der globale Countdown. Gerechtig-keit oder Selbstzerstörung – Die Zukunft der Globalisierung. Köln 2008

Schumpeter, Joseph: Theorie der wirtschaftlichen Entwicklung. 12. Auflage. Berlin 1993

Sen, Amartya: Die Idee der Gerechtigkeit. München 2010

Sen, Amartya: Ökonomie für den Menschen. Wege zur Gerechtigkeit und Solidarität in der Marktwirtschaft. 3. Auflage. München 2005

Senge, Peter M.: Die fünfte Disziplin. Stuttgart 2001

Simon, Hermann: Hidden Champions des 21. Jahrhunderts. Die Erfolgs-strategien unbekannter Weltmarktführer. Frankfurt/M. 2007

Sloterdijk, Peter: Im Weltinnenraum des Kapitals. Frankfurt/M. 2005

Smith, Adam: Der Wohlstand der Nationen. Nachdruck. München 2003

Solte, Dirk: Weltfinanzsystem am Limit. Einblicke in den »Heiligen Gral« der Globalisierung. Berlin 2008

Solte, Dirk: Weltfinanzsystem in Balance. Die Krise als Chance für eine nachhaltige Zukunft. Berlin 2009

Soros, George: Das Ende der Finanzmärkte – und deren Zukunft. Die heutige Finanzkrise und was sie bedeutet. München 2008

Spiegel, Peter: Eine humane Weltwirtschaft. Erfolgsfaktor Mensch. Vorwort von Ernst Ulrich von Weizsäcker. Nachwort von Franz Josef Radermacher. Düsseldorf 2007

Spiegel, Peter: Muhammad Yunus – Banker der Armen. 4. Auflage. Freiburg/Br. 2008

Spiegel, Peter/Richter, Roger: The Power of Dignity – Die Kraft der Würde. The Grameen Family. Herausgegeben von Hans Reitz. Mit einem Vorwort von Muhammad Yunus. Bielefeld 2008

Spiegel, Peter/Quarch, Christoph/Lechner, Silke/Dettweiler, Ulrich (Hrsg.): Die Macht der Würde. Globalisierung neu denken. Gütersloh 2007

Spiegel, Peter: Das Terra-Prinzip. Das Ende der Ohnmacht in Sicht. Wirtschaftler werden Revolutionäre. Vorwort von Ervin Laszlo. Stuttgart 1996

Spiegel, Peter: It's the economy, dear! In: Anders arbeiten. München 2011

Stefanska, Joanna/Hafenmyer, Wolfgang: Die Zukunftsmacher. Eine Reise zu Menschen, die die Welt verändern – und was Sie von ihnen lernen können. Mit einem Essay von Muhammad Yunus. München 2007

Steffen, Alex (Hrsg.): World Changing. Das Handbuch der Ideen für eine bessere Zukunft. Hamburg 2008

Steinbrück, Peer: Unterm Strich. Hamburg 2010

Steingart, Gabor: Weltkrieg um Wohlstand. Wie Macht und Reichtum neu verteilt werden. München 2006

Stiglitz, Joseph E.: Im freien Fall. Vom Versagen der Märkte zur Neuordnung der Weltwirtschaft. Berlin 2010

Stiglitz, Joseph E.: Die Chancen der Globalisierung. Berlin 2006

Stiglitz, Joseph E.: Die Schatten der Globalisierung. Berlin 2002

Stiglitz, J.E./Charlton A.: Fair Trade – Agenda für einen fairen Welthandel. Hamburg 2006

Streich, Jürgen: Vorbilder. Menschen und Projekte, die hoffen lassen. Der Alternative Nobelpreis. Vorwort von Ricardo Diez-Hochleitner. Bielefeld 2006

Taleb, Nassim Nicholas: Der Schwarze Schwan. Die Macht höchst unwahrscheinlicher Ereignisse. München 2007

Vaihinger, Hans: Die Philosophie des Als Ob. System der theoretischen, praktischen und religiösen Fiktionen der Menschheit aufgrund eines idealistischen Positivismus. Nachdruck. Saarbrücken 2007

Veken, Dominic: Ab jetzt Begeisterung. Die Zukunft gehört den Idealisten. Hamburg 2009

von Weizsäcker, Ernst Ulrich / Lovins, Amory B.: Faktor Vier. Doppelter Wohlstand, halbierter Naturverbrauch. München 1995

von Weizsäcker, Ernst Ulrich / Hargroves, Karlson / Smith, Michael: Faktor Fünf. Die Formel für nachhaltiges Wachstum. München 2010

Weber, Andreas: Biokapital. Die Versöhnung von Ökonomie, Natur und Menschlichkeit. Berlin 2008

Weltweite Projekte der Expo 2000 – Projects Around the World. Zwei Bände. Expo Hannover (Hrsg.). Hannover 2000

Werner, Götz W.: Einkommen für alle. Der dm-Chef über die Machbarkeit des bedingungslosen Grundeinkommens. Köln 2007

Wicke, Lutz / Spiegel, Peter / Wicke-Thüs, Inga: Kyoto PLUS – So gelingt die Klimawende. Sichere Energieversorgung plus globale Gerechtigkeit. Mit einem Vorwort von Klaus Töpfer. München 2006

Williams, Anthony D. / Tampscott, Don: Wikinomics. Die Revolution im Netz. München 2007

Yunus, Muhammad: Die Armut besiegen. Das Programm des Friedensnobelpreisträgers. München 2008

Yunus, Muhammad: Grameen. Eine Bank für die Armen der Welt. Bergisch-Gladbach 1997

Yunus, Muhammad: Social Business. Von der Vision zur Tat. München 2010

Zahrnt, Valentin: Die Zukunft globalen Regierens. Herausforderungen und Reformen am Beispiel der Welthandelsorganisation. Stuttgart 2005

Zervas, Georgios: Global Fair Trade. Transparenz im Welthandel. Düsseldorf 2008

Ziegler, Jean: Das Imperium der Schande. Der Kampf gegen Armut und Unterdrückung. München 2005

# Information und Kontakt

Kontakt:

Genisis Institute for Social Innovation and
Impact Strategies gemeinnützige GmbH
Am Festungsgraben 1
10117 Berlin
office@genisis-institute.org
www.genisis-institute.org

Weitere Informationen:

www.global-entrepreneurs.org
www.visionsummit.org
www.terranetwork.org
www.senat-der-wirtschaft.de

# Dank

Wenn man Dank mit Namen verbindet, handelt man immer ungerecht, weil dann sehr viele Menschen keine Erwähnung finden, denen man ebenfalls Dank aussprechen möchte für ihre wertvollen Inspirationen und sonstigen Unterstützungen. Diesen Personenkreis würde ich in meinem Fall und im Zusammenhang mit der Entstehung dieses Buches und seiner Gedanken auf mehrere Hundert ansetzen. Die vergangenen Jahre empfand ich als so überaus reich an wunderbaren Begegnungen und Ideen, Projekten, Konzepten, Initiativen, die wir dabei untereinander ausgetauscht haben, dass ich nicht weiß, wie ich mich dafür angemessen bedanken könnte. Mein Wunsch ist daher: Jeder, der dieses Buch liest und darin etwas entdeckt, das Teil seines Denkens ist beziehungsweise Teil unseres Austausches war, betrachte dieses Buch als Ausdruck meines tiefen Dankes.

Gleichzeitig gibt es unterschiedliche Intensitäten bei der eigenen bewussten Aufnahme von Impulsen. Daher möchte ich mich bei einigen Impulsgebern und Freunden ganz besonders bedanken wie Franz Alt, Helga Breuninger, Peter Endres, Günter Faltin, Thomas Friemel, Maximilian Gege, Rosi Gollmann, Günter Grzega, Dieter Härthe, Gerald Hüther, Ramin Khabirpour, Todd Khozein, Maritta Koch-Weser, Andrea und Bernd Kolb, Norbert Kunz, Angela Lawaldt, Ervin Laszlo, Helga und Hans-Jürgen Müller, Felix Oldenburg, Gunter Pauli, Kambiz Poostchi, Franz Josef Radermacher, Margret Rasfeld, Huschmand Sabet, Uli Weinberg, Götz W. Werner, Ernst Ulrich von Weizsäcker, Steven Wilkinson, Georg Winter, Muhammad Yunus, Georgios Zervas sowie den Genisis-Mitgründern David Diallo, Stephan Breidenbach, Michael Horbach, Michel Aloui, Marianne Obermüller, Fritz

158

Kiesinger, Hans Reitz und Jörg Schallehn sowie meinen Terra-Kollegen Peter Fernau, Hartmut Nowotny und Vinay Sansi und – last but not least – meiner lieben Frau, Monika.